KB074852

음식이
아이 두뇌를
변화시킨다

부모가 꼭 알아야 할 뇌 영양학 & 뇌 독성학

음식이
아이 두뇌를
변화시킨다

이쿠타 사토시 지음 | 최미숙 옮김

루미너스
LUMINOUS

음식이 아이의 지능과 성격을 결정한다

부모라면 누구나 내 아이가 건강하게 자라서 사회에서 인정받는 어른으로 성장하기를 바란다. 그래서 어린이집이나 유치원에 보내고, 학교에 가면 공부뿐 아니라 다양한 경험을 할 수 있는 환경을 만들어 주려 애쓴다. 대부분의 부모가 자녀교육에는 시간과 돈, 온갖 노력을 아끼지 않는다.

그런데 여기서 잊지 말아야 할 것이 있다. 아이가 배우고 생각하고 판단하고 상상하고 희로애락을 느끼고 인간관계를 쌓는, 이 모든 활동은 바로 '뇌'가 담당한다는 사실이다.

인생을 좌우하는 뇌의 기능

지능은 타고난 성질이어서 절대 바뀌지 않는다는 주장이 있지만, 최근 발표된 연구에서 이 주장은 잘못되었다고 밝혀졌다. 뇌의 성능은 뇌 신경세포와 다른 세포의 접합 부분인 시냅스로 결정된다. 뇌 신경세포 수는 총 1,000억 개 이상이며, 시냅스의 수는 총 100조 개에 달한다. 하지만 인간의 유전자 수는 약 2만 개밖에 되지 않는다. 즉, 인간이 지닌 모든 유전자가 두뇌 발달과 성장에 관여한다고 해도 시냅스까지 구체적으로 관여하기에는 유전자 수가 턱없이 부족하다. 그래서 뇌가 미완성인 상태로 아기가 태어나고, 이후 아기의 뇌는 영양 섭취와 학습에 자극을 받아 점차 완성되어간다.

중요한 건, 아이의 뇌는 어른보다 연약해서 변화하기 쉽다는 사실이다. 자라는 뇌에 무엇을 집어넣느냐에 따라 뇌의 성능은 좋아질 수도 나빠질 수도 있다.

음식과 뇌는 생각보다 관계가 깊다

영국 스완지대학교의 데이비드 벤튼 교수팀은 종합비타민과 종합미네랄 영양제를 섭취한 아이들의 지능지수가 9포인트나 상승했다는 연구결과를 발표했다. 그런가 하면, 미국 오하이오주에서 청소년 주임 보호관찰관으로 근무한 바바라 리드 박사는 비행청소년의 식습관과 생활습관을 개선했더니 성격과 행동이 온순하게 바뀌었다는 연구결과를 발표했다.

두 연구결과가 말해주듯, 음식과 뇌는 생각보다 관계가 깊다. 특히 성장기 아이의 인생을 결정하는 최대 요인은 영양소이다. 폭발적으로 자라는 아이의 뇌와 몸은 아이가 섭취한 영양소로 만들어지기 때문이다. 더불어 아이가 복용하는 약이나 백신 접종도 역시 뇌에 큰 영향을 미친다.

지금까지 아이 두뇌와 관련하여 교육적인 측면에서는 다양한 각도에서 많은 연구와 논의가 거듭되었지만, 뇌에 영향을 미치는 물질, 즉 '영양소', '약', '백신'이라는 관점에서는 거의 논의가 이루어지지 않았다. 나는 약학박자이자 생화학, 의학, 유전자학 등의 생명과학을 공부한 학자로서 인간의 두뇌에 영향을 미치는 요소에 관심을 갖게 되었고, 지금은 그것을 알리는 뇌 교육학자로 활동하고 있다.

그리고 오랜 시간에 걸쳐 얻은 나의 결론은 아이의 뇌가 얼마나 일할 수 있는가, 얼마나 생각하는 능력을 갖는가는 유전적인 요인보다 무엇을 섭취했는가에 달려 있다는 것이다. 아이가 먹은 음식이 아이의 지능과 성격을 결정한다.

0~10세 아이 부모가 꼭 알아야 할 필수 영양 지식

나는 아이 두뇌가 건강하고 똑똑하게 자라는 데 꼭 필요한 음식을 '뇌 영양학', 아이 두뇌를 흥분시키고 지능을 떨어뜨리는 음식을 '뇌 독성학'이라는 관점에서 살펴 두뇌에 좋고 나쁜 음식을 최대한 상세하고 이해하기 쉽게 정리하고자 했다. 또 음식에만 머무르지 않고 약물과 백신에 대해서도 설명했다. 아이의 연약한 두뇌에 영향을 주는 것은 음식만이 아니다. 별 의심 없이 먹인 약과 백신도 예상치 못한 상황을 만들 수 있다.

제1장에서는 지능은 유전자로 결정되는 것이 아니라 장내세균 등 체내 미생물의 영향을 더 크게 받는다는 점, 평소 아이가 즐겨 먹는 음식과 식습관에 따라 크게 달라진다는 점을 설명한다. 식단을 바꿨을 뿐인데 어떤 아이는 성적이 오르고, 어떤 아이는 폭력 전과자에서 모범생으로 거듭났다는 믿기 힘든 얘기들을 과학적인 근거와 함께 소개한다.

제2장에서는 아이 두뇌를 건강하게 발달시키는 음식을 소개한다. 지능과 집중력을 높이는 음식뿐 아니라 아이의 마음을 안정시키고 성장을 돕는 영양소에 대해 집중적으로 다룬다. ADD나 ADHD 같은

발달장애를 개선하는 음식도 소개한다.

제3장에서는 아이 두뇌에 나쁜 영향을 미치는 음식을 소개한다. 지능을 떨어뜨리고 뇌를 흥분시키는 식품을 비롯해 최근 건강식으로 인기 있는 양식 연어에 숨겨진 다량의 유해물질도 살펴본다.

제4장에서는 두뇌 성장기인 아이에게 마음 놓고 약을 먹여도 괜찮은지 약 복용을 둘러싼 궁금증과 문제점을 다룬다. 예를 들어 '열이 난 아이에게 해열제를 먹여도 괜찮을까?', '감기 걸린 아이에게 항생제를 먹여도 괜찮을까?', '아이가 우울하다, 산만하다는 이유로 항우울제나 ADHD 약을 먹여도 괜찮을까?' 등등 약의 효과와 부작용을 알아본다.

마지막 5장에서는 유아와 아동에게 당연시되었던 백신 접종의 이면을 다룬다. 백신 접종은 필요하지만, 기본적으로 위험을 동반하는 의료행위다. 이런 점에서 논란이 많은 HPV 백신과 인플루엔자 백신을 비롯한 각 백신의 장점과 단점을 검증한다.

'아이가 기면 섰으면 좋겠고 서면 걸었으면 좋겠다 싶은 게 부모 마음'이라고 하듯이, 모든 부모가 내 아이는 좀 더 특별하고 똑똑하게

성장하기를 바란다. 비싼 학원에 보내서 이것저것 배우게 하는 것도
그런 마음에서 비롯되었을 것이다.

 하지만 그 전에 부모로서 해야 할 일이 있다. 아이의 뇌가 최적의
상태에서 아무 문제없이 제 기능을 발휘할 수 있도록 적합한 토대를
다져주는 일이다. 이를 위한 노력은 바로 오늘부터 시작할 수 있다.

이쿠타 사토시

Contents

PART 3
아이 두뇌에 나쁜 영향을 미치는 음식

PART 4
아이에게 약을 먹여도 괜찮을까

감기약과 인플루엔자 약

항생제

항우울제

ADHD 약

PART 1

아이의 뇌는
유전이 아니라
음식이 결정한다

‘아이를 건강하게 키우려면 어떻게 해야 할까?’
‘어떻게 하면 아이를 더 똑똑하게 키울 수 있을까?’
‘아이의 집중력을 높이려면 어떻게 해야 할까?’
부모라면 누구나 이런 고민을 해보았을 것이다.
답의 핵심에는 음식이 있다. 일단 식단부터 바꿔라.
식생활을 개선하는 것으로 건강은 물론,
뇌기능이 변하고 행동도 달라진다.

값비싼 학원보다 한 끼 식사가 더 중요한 이유

　부모는 내 아이가 건강하게 자라기를 바라며 아이를 위해 온 정성을 쏟는다. 그 무엇보다 자녀의 행복을 바란다. 하지만 살다 보면 행운이 따르기도 하고, 뜻밖의 불운이 닥치기도 한다. 어쩌면 세상에는 행복한 일보다 불행한 일이 더 많다고 느낄 수도 있다.

　인생에서 마주치는 불운이나 시련은 피한다고 피할 수 있는 것이 아니다. 그래서 부모는 자녀가 어떤 힘든 상황에서도 잘 대처할 수 있는 지혜로운 사람이 되기를 바란다. 칠전팔기를 할 수 있는 원동력은 **지성**이다. 이 지성을 갖출 수 있다면 풍요로운 삶을 살아가는 데 도움이 될 것이다. 세상의 모든 부모들은 내 아이가 건강하게 자라면서 지성을 겸비할 수 있기를 간절히 바란다.

　부모는 태어난 아이에게 많은 것을 가르친다. 말 그대로 먹는 법, 걷는 법, 말하는 법 등을 곁에서 하나하나 알려준다. 그리고 초등학교에 들어가면 학습과제를 열심히 배우도록 응원한다. 아이가 신체적, 정신적, 감정적으로 두루 잘 성장하기를 진심으로 바란다.

　부모의 사랑을 먹고 자란 아이는 아장아장 걷고 말하고, 어린이집이나 유치원에 다니며 첫 사회생활을 접하고, 초등학교에서 국어와 산수를 공부하고, 그러다 사춘기 청소년이 되면 심한 감정 기복과 자기 정체성에 혼란을 겪으며 성장한다.

이 모든 과정은 아이의 두뇌 활동으로 빚어진다. 매일 쑥쑥 크는 몸만큼이나 아이의 뇌는 많은 일을 한다. 그리고 이 시기에 어떤 영양소를 섭취했는지, 또 어떤 유해물질을 섭취했는지에 따라 아이의 두뇌 활동과 사고력이 크게 좌우된다.

두뇌 활동이나 사고력은 타고난 머리가 좋아야 한다고 생각하는 사람이 많지만, 과학적 근거가 없는 잘못된 이야기다. 뒤에서 다시 설명하겠지만 인간의 질병에 유전자가 미치는 영향은 10%밖에 되지 않는다.[1] 나머지 90%는 환경인자, 특히 '음식'이 크게 영향을 미친다. 다시 말해, **똑똑한 두뇌를 만드는 데에도 음식이 중요**하다는 뜻이다.

많은 부모가 내 아이는 자신보다 더 나은 삶을 살기 바라며 자녀교육에 돈과 시간을 아끼지 않는다. 그러나 아이러니하게도 정작 학습 능력의 기본이 되는 두뇌 건강에는 무관심한 듯하다. 아이의 두뇌가 정상적으로 성장하지 못하면 아무리 돈과 시간을 투자해도 소용이 없다. 두뇌가 제대로 자라지 못하고 영양실조 상태에 빠져 힘을 못 쓰는데, 비싼 학원 교육이 무슨 소용이겠는가.

성장기 아이에게는 두뇌 발달에 필요한 최적의 영양소를 제공해주는 것이 무엇보다 중요하다. 그렇다면 아이가 어떤 음식을 먹으면 생각하는 힘이 커질까? 또 어떤 음식이 아이의 두뇌 발달을 방해할까?

분노 조절 못하는 아이가 늘고 있다

최근 학교에서 폭력을 휘두르는 아이가 많아지고 있다. 순간적으로 욱해서 폭발하는 아이들의 공통점은 화를 잘 참지 못하고, 자기감정을 말로 표현하는 능력이나 타인과 소통하는 방식이 매우 서툴다는 점이다.

자기감정을 조절하고 타인과 소통하는 능력은 인간관계를 형성하는 밑바탕이 된다. 아이에게 이러한 자질이 부족하다면 훈육을 통해 가르쳐야 한다. 하지만 훈육으로 해결되지 않는 경우에는 다른 곳에서 원인을 찾아볼 필요가 있다.

일본에서는 쉽게 화를 내고 폭력을 휘두르는 아이들이 사회문제로 크게 대두된 적이 있다. 그런데 이를 두고 식습관 문제 전문가인 오사와 히로시 교수가 '학교 폭력이 증가한 시기와 일본 내 과자 판매가 급증한 시기가 일치한다'는 의견을 내놓았다. 그의 말에 따르면 1980년대 말, 주식인 쌀보다 과자 섭취량이 많아지는 시점에 아이러니하게도 학교 폭력 문제가 더 크게 발생했다는 것이다.

전통적인 식단 대신 과자나 빵 등의 간식이 그 자리를 차지하면서 각종 청소년 문제가 일어났다고 주장하는 히로시 교수의 말은 어디까지 믿을 수 있을까?

집중력이 부족하거나 산만한 아이도 과거에 비해 늘고 있다. 어학,

예술, 스포츠 등 어느 분야나 마찬가지로 한 가지에 능숙해지기 위해서는 집중적인 학습과 연습을 수없이 반복해야 한다. 학교에서 정해진 수업시간에 의자에 앉아 선생님 말씀을 듣고 공부하는 일에도 집중력이 필요하다. 하지만 요즘 아이들 중에는 산만하고 수업에 집중하지 못하는 아이가 적지 않다. 이런 아이들은 옆 친구에게 말을 걸거나 앉았다 섰다를 반복하고 교실을 들락날락하며 수업을 방해한다.

요즘 아이들의 소통능력이 부족한 이유로 현대사회의 인간관계가 변화한 점을 지적하는 선생님이 많다. 형제, 할아버지, 할머니, 동네 친구, 이웃 사람들과 접할 기회가 부쩍 줄어 타인과 관계 맺는 법을 익히지 못한 채 학교생활을 시작하기 때문이라는 것이다. 또 외동인 경우가 많아 원하는 것을 다 들어주다 보니, 욕구를 조절하고 타협하는 법을 배울 기회가 없다는 점도 꼽는다.

물론 맞는 말이다. 하지만 요즘 아이들이 화를 잘 참지 못하고 산만하며 자기 조절력이 떨어지는 데는 사회 환경적인 요인과 함께 잘못된 식생활의 영향도 간과할 수 없다. 자기 조절력뿐 아니라 과잉행동, 주의력결핍, 우울증, 정신이상 증세까지 모두 영양과 관련이 깊다.

그렇다면 식생활을 개선하면 아이들의 지능과 행동은 어떻게 변화할까? 우선 식생활의 변화가 아이들의 지능에 미치는 영향부터 살펴보도록 하자.

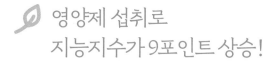

영양제 섭취로 지능지수가 9포인트 상승!

영국의 중학교 교장이었던 귈립 로버츠 씨는 일찍이 뇌와 영양소의 관계에 주목하여 영양요법을 연구해왔다. 그는 영국 스완지 대학교의 데이비드 벤튼 교수와 협력해 영양제가 아이 지능에 미치는 영향을 알아보는 실험을 진행했다.

이 임상시험은 교사와 아이들에게 누가 영양제를 먹고 누가 위약(가짜 약)을 먹는지 알리지 않는 이중맹검법Double Blind Test과 피험자 집단을 무작위로 나누는 조건에서 이루어졌다. 우선 12~13세 아동 90명에게 3일 동안 식사일기를 쓰게 하여 먹은 음식에서 비타민과 미네랄의 섭취량을 계산했다. 대부분의 아이가 하루 필요량을 채우거나 초과했지만 그렇지 못한 아이도 있었다.

그다음에는 다시 90명의 아이를 무작위로 30명씩 나눠 대량의 종합비타민과 종합미네랄 영양제를 먹는 그룹, 위약을 먹는 그룹, 아무약도 먹지 않는 그룹으로 묶고, 8개월 후 지능지수IQ를 측정했다. 그결과, 언어성 지능지수는 그룹 간에 별 차이가 없었지만 도형이나 도표를 사용해서 검사한 비언어성 지능지수는 영양제를 먹은 그룹만 9포인트나 상승했다.[2] 도표 1-1

이 실험을 통해 비타민과 미네랄 영양제를 섭취하면 아이의 지능지수가 크게 향상된다는 사실을 확인할 수 있다. 1988년 로버츠 씨

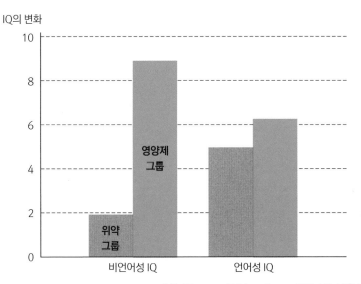

IQ의 변화

영양제
그룹

위약
그룹

비언어성 IQ   언어성 IQ

출처 : D.Benton and G.Roberts, Lancet vol.331, 140~143(1988)

와 벤튼 교수는 이 연구결과를 학계에 발표했다.[3]

논문의 내용이 충격적인 데다가 세계적인 의학전문지 〈랜싯The
Lancet〉에 발표되었기 때문에 영국, 미국, 네덜란드 등 세계의 교육계
가 떠들썩했다. 논문의 진위를 확인하기 위해 저명한 연구자들이 비
슷한 조건에서 추가 검증실험을 하여 10편 이상의 논문을 발표했다.
캘리포니아주립대학교의 스티븐 숀텔러 교수, 심리학자 한스 아이젱
크 박사, 물리화학자 라이너스 폴링 박사 등 세계적으로 유명한 학자
들도 잇따라 실험에 참여했다.

이들의 실험을 정리해보면, 총 615명의 아이들에게 하루 필요 섭

취량 정도의 종합비타민과 종합미네랄 영양제를 먹게 한 결과 아이들의 지능지수가 평균 4.5포인트 상승했다.

벤튼-로버츠의 임상시험보다 상승효과가 크지 않았던 것은 영양제 섭취량이 적었기 때문인 것으로 추정된다. 단순히 검증이 목적이라면 앞의 논문과 동일한 조건으로 실험하면 되지만, 연구자들은 그런 실험을 하지 않는다. 기존 논문과 완전히 같은 조건으로 실험하는 것은 논문으로서 의미가 없기 때문이다. 어쨌든 중요한 것은 **비타민과 미네랄 영양제 섭취로 아이들의 지능지수가 높아진다**는 사실이 증명되었다는 점이다.

한편, 영국에 있는 애버딘대학교의 로렌스 윌리 교수는 영양제를 섭취한 사람과 섭취하지 않은 사람을 비교했을 때, 섭취한 사람의 지능지수가 11세 때는 4포인트, 64세 때는 6포인트가 더 높다는 연구 결과를 발표했다.[4] 이는 영양제가 아이 두뇌를 발달시킨다는 긍정적인 결과가 이후에도 계속 유지된다는 것을 보여준다.

그렇다면 영양소가 지능 말고 행동도 변화시킬 수 있을까? 이제부터는 식생활 변화가 아이들 행동에 미치는 영향을 살펴보자.

🌱 식사를 바꿨더니 89%의 비행청소년이 달라졌다

　미국의 바바라 리드 박사는 '식사와 영양요법으로 인간 행동을 개선하는 연구' 분야의 개척자로서, 1963년부터 1982년까지 20년 동안 오하이오주의 시민법정에서 주임 보호관찰관으로 근무했다. 재직 당시 리드 박사는 식생활과 청소년 행동 간의 관계를 주의 깊게 연구하여 '식생활을 개선하면 청소년들의 행동, 태도, 성격, 자존감이 향상된다'는 사실을 여러 차례 증명했다.[5] 해당 연구결과는 《음식과 행동 Food&Behavior》이라는 책으로 묶여 큰 반향을 일으키기도 했다.

　사실 문제 행동을 보이는 청소년을 변화시키기란 결코 쉬운 일이 아니다. 교육, 법률, 경찰, 정치 분야의 많은 관계자가 비용과 시간을 들여 노력했지만 해결하는 데 별 성과를 얻지 못했다. 하지만 리드 박사는 이 일을 매우 성공적으로 수행해냈다.

　해결책은 바로 비행청소년의 식생활을 바로잡는 것이었다. 박사는 자신이 식생활 지도를 한 청소년들의 행동을 지속적으로 주도면밀하게 관찰했으며, 법정 기록만이 아니라 미연방수사국 FBI의 기록도 병용해서 추적조사를 벌였다. 5년에 걸친 추적조사로 밝혀진 것은 리드 박사에게 식생활 지도를 받은 비행청소년의 89%가 더이상 문제를 일으키지 않았다는 사실이다. 통상 비행청소년의 교화율이 15~30%

수준임을 감안하면 89%는 정말 획기적인 수치다. 리드 박사가 실시한 영양요법이 비행청소년 교화에 매우 효과적이었다는 사실이 입증된 셈이다.

이 연구는 1977년 6월 2일 〈월스트리트 저널〉 제1면 기사로 소개되었다. 리드 박사는 미국 의회의 '인간의 건강을 위한 상원위원회'에서도 영양과 청소년 행동 간의 관계에 대해 강연했다.

잘 먹어야 정신이 건강하다?

그런데 리드 박사는 어떤 계기로 영양과 인간 행동 간의 관계에 흥미를 갖게 되었을까?

1962년에 박사는 미국 오하이오주 애크런시의 보호관찰관으로 취임했는데, 그 무렵 몸 상태가 의사가 진단을 내리기 어려울 정도로 매우 좋지 않았다. 일단, 의욕 상실과 극심한 피로감에 시달렸다. 잠을 자도 눈을 뜨면 피로가 몰려왔고, 손가락 관절염과 등에 염증도 생겼다. 또 빈혈이 심해서 수혈이 필요할 정도였고, 겨울이 되면 매년 세 차례 정도는 목이 부어올랐다. 극심한 감정 기복에 우울증, 두통까지 더해져 삶이 괴로웠다. 박사를 진찰한 의사는 '간질'이라고 진단했다.

33세에는 산부인과 의사에게 폐경 초기 단계라는 뜻밖의 말까지 들었다. 충격을 받고 영양과 건강을 다룬 잡지와 서적을 열심히 탐독하다가 우연히 영양요법 보급에 앞장선 게일로드 하우저 박사의《더

젊게, 더 오래 살기 Look Younger, Live Longer 》라는 책을 접하게 되었다.

게일로드 하우저 박사는 미국의 저명한 영양학자로서 사소한 피부 주름에서부터 구루병에 이르는 광범위한 몸의 증상에 대해 단 한 가지 조언을 했다. 그것은 '죽은 음식의 섭취를 중단하라!'였다.

그가 말하는 '죽은 음식'이란 **정제된 음식, 가공식품, 백설탕, 흰 밀가루, 커피, 초콜릿**이다. 이에 반해 권하는 음식(이를 '살아 있는 음식'이라고 부른다)은 **신선한 채소와 과일, 통밀로 만든 빵이나 시리얼, 밀 배아, 허브차, 물**이다.

사실 리드 박사는 어릴 때부터 빵, 케이크, 과자 등을 무척 즐겨 먹었다. 하우저 박사의 관점에서 보면 죽은 음식을 즐겨 먹은 것이다. 심지어 커피는 하루에 10~12잔이나 마셨다.

식생활을 바꾸기로 결심하고 나서는 하우저 박사의 조언을 충실히 따랐다. 그러자 3개월도 안 돼서 결과가 나타났다. 그토록 자신을 괴롭히던 증상들이 사라진 것이다. 그 후 리드 박사는 40년 넘게 병과는 거리가 먼 삶을 살았다.

식생활을 바꾸고 난 뒤 질병과 우울증이 사라지는 것을 경험한 리드 박사는 이를 비행청소년 교화에 활용해보기로 결심했다. '잘 먹어야 건강하다'는 말은 익히 아는 얘기였지만, '잘 먹어야 정신도 건강하다'는 것은 새롭게 깨달은 사실이었다.

제대로 된 식사는 문제 아이도 변화시킨다

바바라 리드 박사에게 식사 지도를 받은 후 많은 비행청소년이 새 삶을 살게 되었다.[5]

먼저 절도죄로 보호관찰 대상이 된 19세 여학생 A의 사례를 보자. A는 초등학교 2학년 무렵부터 학습장애로 곤란을 겪었고, 사춘기에 접어들면서 음주와 흡연을 일삼으며 방황하기 시작했다. 그러다 급기야 남의 물건을 훔치는 일까지 벌어져 보호관찰 대상이 되었다. 리드 박사는 클리닉에서 A의 몸 상태를 검사하고 나서, 체내 납 농도가 매우 높다는 사실을 발견했다. 뿐만 아니라 A는 단 음식도 입에 달고 살았다.

납은 식품이나 식수, 대기에서도 발견되는 중금속이다. 한 번 체내에 들어온 납 성분은 쉽게 배출되지 않을뿐더러 그대로 축적되면 건강을 해칠 수 있다. 최근 발표된 연구에 따르면, 어릴 때 납 성분에 노출되는 것이 부정적인 성격 형성에도 영향을 미친다고 한다.

리드 박사는 음주와 흡연이 체내 중금속 농도를 높이기 때문에 가장 먼저 끊게 했다. 그러고는 킬레이션 요법('킬레이트 효과'라는 화학반응을 이용해 납과 같은 독성물질을 제거하는 방법)으로 몸속에 축적된 납을 체외로 배출시켰다. 칼슘, 엽산, 철분 등의 영양 성분은 체내 중금속 농도를 줄이는 효과가 있기 때문에 이러한 영양소가 풍부하면서도 균형 잡힌 식단으로 식사를 하도록 지도했다.

그러자 5개월도 안 되어서 우울하고 비관적이던 A의 얼굴에는 웃음기가 돌기 시작했다. 지능지수는 26포인트나 올랐다. 시간이 지나면서 완전히 활력을 되찾았고, 첫 취직의 기쁨마저 누리게 되었다. 통상의 보호관찰제도를 따랐다면 A의 진짜 문제를 발견하지 못했을 것이다.

또 다른 소년 B는 총으로 자신의 가족과 여자친구 가족을 살해하겠다고 협박한 죄로 체포되었다. 클리닉 검사결과 B의 체내에는 알루미늄이 상당량 축적된 상태였다. 리드 박사의 도움으로 체내 알루미늄을 제거하고 식생활을 개선하자 B는 바른 청년으로 돌아왔다.

아이의 지능지수 및 문제 행동은 영양 상태에 따라 극적으로 달라질 수 있다. 또한 정신건강은 영양과 밀접한 관계가 있다.

🌿 지능은 유전자로 결정되지 않는다

기대한 만큼 성적이 잘 나오지 않는 아이에게 부모는 "넌 누굴 닮아 성적이 그 모양이니?"라는 말을 한다. 그런가 하면, 공부 잘하는 아이를 두고는 나를 닮아 잘한다고 한다. 어느 쪽이 되었든 '아이의 공부머리는 유전'이라는 생각이 깔려 있다. 그런데 과연 그럴까?

머리의 좋고 나쁨은 타고난 성질이기 때문에 절대 바뀌지 않는다는 설이 있다. 과거에는 이처럼 유전자가 인간의 운명을 결정한다는 주장을 지지하는 사람이 많았다. 하지만 최근 연구결과들에 의하면 이는 잘못된 사실로 밝혀졌다.

인간의 모든 유전자를 해독하면 병의 진단과 치료는 물론, 그 사람의 재능이나 능력까지 예측할 수 있을 거라는 기대를 모으면서 1990년에 '인간게놈프로젝트'가 시작되었다. 이 프로젝트는 전 세계에서 큰 화제가 되었고, 오랜 연구 끝에 2003년에 완료되었다.

인간게놈프로젝트가 끝나고 확실히 알게 된 것은 무엇일까?

인간의 유전자는 놀랄 만치 작은 역할만 수행한다는 사실이었다. 막대한 비용을 들인 것에 비해 성과가 없지 않느냐는 비판을 우려해서인지는 모르겠지만, 프로젝트 관계자는 유전자의 작은 역할에 대해서는 공표하지 않았다.

장내세균이 뇌에 미치는 영향

질병 발생과 관련해 인간의 유전자는 실제 10%의 역할밖에 하지 않는다.[1] 남은 90%는 환경인자에 의해 유발된다.

그렇다면 환경인자란 무엇일까? 음식, 생활환경, 스트레스 등을 들 수 있다. 여기에 더해 최근 학계에서 주목하고 있는 것이 **'마이크로바이옴**Microbiome (장내세균을 비롯한 인체에 서식하는 모든 미생물)**'**이다. 우리 몸에는 100조 개 이상의 세균(박테리아)과 그 10배의 바이러스가 살고 있다는 사실을 절대 잊어서는 안 된다.

장내세균은 우리가 잘 소화하지 못하는 특정한 종류의 당분이나 녹말, 섬유질을 분해하는 효소를 함유하고 있기 때문에 이를 소화시켜 영양분을 잘 흡수할 수 있게 도와준다. 또한 장과 상호작용을 하면서 면역체계를 조절하고, 인체 대사에도 관여한다. 신경전달물질을 생산하여 뇌에도 영향을 준다. '행복 호르몬'이라 불리는 세로토닌의 경우 90%가 장에서 생성된다는 사실은 잘 알려져 있다.

장내세균의 종류는 3만 가지, 무게는 1,500g에 달하며, 크게 '유익균', '유해균', '중간균'으로 나뉜다. 몸에 이로운 유익균은 비피두스균, 애시도필러스균과 같은 유산균이나 낫토균 등으로 전체 장내세균의 약 30%를 차지한다. 유해균은 웰치균이나 병원성대장균 등으로 전체 장내세균에서 약 10%를 차지한다. 중간균은 박테로이데스나 피르미쿠테스 등으로 평소에는 좋지도 나쁘지도 않다가 유익균과 유해균 중 어느 한쪽이 우세해지면 기회에 편승한다. 중간균은 장내세균 전체에서 약 60%를 차지한다.

요컨대 인체는 미생물의 집합소다. 이 미생물들은 인체에서 갖가지 작용을 하는데, 특히 뇌기능에도 적지 않은 영향을 미친다. 우리는 몸과 마음을 건강하게 만들기 위해 체내 미생물이 적절한 균형을 유지하도록 공생하며 살아가야 한다.

최근 연구에서는 식습관, 라이프 스타일, 그리고 화학물질 섭취에 따라 체내 마이크로바이옴이 급속하게 변화할 수 있다는 사실이 밝혀졌다. 우리의 일상을 편리하게 만드는 가공식품, 식품첨가물, 항생물질, 농약 등은 장내세균에 매우 나쁜 영향을 미치기 때문에 이를 자제한 식생활을 유지해야 몸속 마이크로바이옴이 최적화된다는 것이다. 아이 두뇌와 몸 건강을 위해서도 장내세균에 이로운 식생활을 해야 한다.

✎ '진짜 음식'과 '가짜 음식'

'아이를 건강하게 키우려면 어떻게 해야 할까?'

'어떻게 하면 아이를 더 똑똑하게 키울 수 있을까?'

'아이의 집중력을 높이려면 어떻게 해야 할까?'

부모라면 누구나 이런 고민을 해보았을 것이다. 답의 핵심에는 '음식'이 있다. 일단 식단부터 바꿔라. 식생활을 개선하는 것으로 건강은 물론, 뇌기능이 변하고 행동도 달라진다.

우리의 뇌, 심장, 폐, 뼈, 혈액 등은 우리가 매일 먹는 음식이 모습을 바꾼 것이다. 좋은 음식물을 섭취하면 몸이 건강해질 뿐 아니라 머리가 맑아지고 기분도 좋아지며, 새로운 아이디어도 샘솟는다.

"배고파요!"라고 아이가 말하면 배부터 채워주려고 뭐든지 먹이는 부모가 있다. 음료수나 과자를 별 고민 없이 사주는 부모도 많다. 그러나 배불리 먹어도 몸을 만드는 영양소가 들어 있지 않으면 아이는 제대로 자라지 않는다.

좋은 음식은 '**진짜 음식**'이라고 바꿔 말할 수 있다. 진짜 음식은 **통곡물, 채소, 공류** 등 정세하지 않은 식품과 **과일, 육류, 어패류** 등의 전체식을 말한다. 통곡물은 배아나 껍질을 도정하지 않거나 정미 처리를 하지 않은 곡물을 칭한다. 예를 들어 현미, 현미가 발아한 발아현미, 속껍질을 제거하지 않은 보리, 통밀가루 등이 이에 해당된다. 정미한 곡물에 비해 비타민B군, 철분이나 아연과 같은 미네랄, 식이섬유가 풍부해서 몸에 이롭다. 시중 밀가루는 밀 껍질과 배아를 제거한 배유를 가루로 만든 것이므로 통밀가루와는 다르다. 전체식은 작은 물고기나 작은 새우처럼 한 마리를 통째로 먹거나 다시마와 같은 해조류 등을 조리해서 먹는, 즉 일부가 아니라 전체를 먹는 음식이다.

나쁜 음식은 게일로드 하우저 박사가 말한 '죽은 음식'에 해당하며 '**가짜 음식**'이라고 바꿔 말할 수 있다. 가짜 음식은 정제된 음식으로 **가공식품, 냉동식품, 설탕, 흰 밀가루, 정크푸드** 등을 들 수 있다. 아이들이 좋아하는 과자와 달콤한 주스는 '영양가는 없고 열량만 있는' 전형적인 가짜 음식이다.

가짜 음식은 정제과정에서 비타민, 미네랄, 식이섬유와 같은 영양소들이 제거된다. 그래서 지속적으로 많이 먹으면 영양공급이 제대로 되지 않아 몸에 문제가 생긴다. 또한 뇌가 제대로 작용하지 못해 지능이 떨어지고 부적절한 행동을 하게 된다.

아이가 진짜 음식을 먹을 수 있도록 유도하고 가르치는 일이 중요하다. 이를 위해서는 부모가 몸소 실천해야 한다.

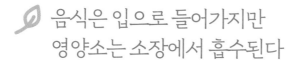 음식은 입으로 들어가지만 영양소는 소장에서 흡수된다

그런데 우리가 먹은 음식은 어떤 과정을 통해 몸속에 흡수되는 것일까? 뒤에 이어질 내용을 위해 음식이 소화·흡수되는 과정을 잠시 살펴보자.

흔히 입을 통해 음식이 몸속으로 들어간다고 생각하겠지만, 실은 그렇게 단순하지가 않다. 입에 들어온 음식은 식도를 거쳐 소화관인 위로 옮겨지지만 그대로 몸에 흡수되지 못한다. 우선 영양소로 분해된 다음 소장에서 흡수된다. 영양소가 우리 몸속으로 들어가는 입구는 입이 아니라 바로 '소장'이다.

몸의 중앙에는 하나의 굵고 긴 관이 있다. 도표1-2 이 관을 **소화기계**라고 부른다. 이 관의 입구가 입이고 식도, 위, 소장, 대장, 직장, 그리고 항문이 출구다.

음식은 입속에서 단단한 치아로 잘게 부서져 본 모습을 잃고 걸쭉한 덩어리로 변한다. 이를 소화물이라고 부른다. 소화물은 목으로 넘어가 식도를 지나 위로 보내지고, 위에서 뒤죽박죽 섞여 소화된다. 위

몸 중심에 있는 굵고 긴 관이 튼튼한 몸을 만드는 근간이다

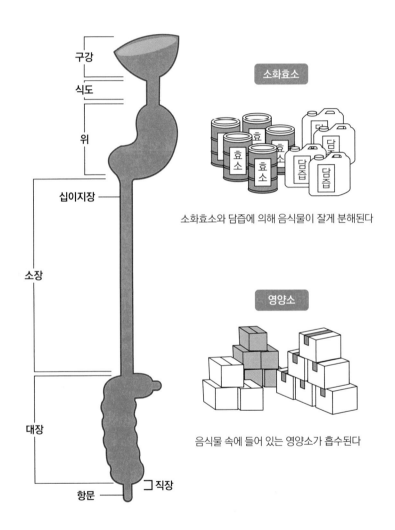

소화효소

소화효소와 담즙에 의해 음식물이 잘게 분해된다

영양소

음식물 속에 들어 있는 영양소가 흡수된다

구강
식도
위
십이지장
소장
대장
항문
직장

에서 흐물흐물해진 소화물은 담즙과 소화효소가 기다리는 소장으로 보내진다. 소장은 소화물을 영양소로 분해(소화)하고 몸안으로 받아들인다(흡수). 즉, 소화·흡수의 주역은 소장이다.

소장은 십이지장, 공장, 회장 이렇게 세 부분으로 이루어진다. 약 30cm 길이의 십이지장은 위 바로 아래에 위치하며 영양소를 분해하는 중요한 공간이다. 공장과 회장은 전체 길이가 약 6m로 영양소를 흡수한다.

밥이나 빵 같은 **당질**의 경우 십이지장에서 소화효소인 아밀라아제에 의해 말토오스(맥아당)나 당이 여러 개 연결된 올리고당으로 분해된다. 올리고당은 사람의 소화효소로는 분해되지 않는 당질로서 대장에서 장내세균의 먹이가 된다. 채소나 과일의 식이섬유는 대장에서 장내세균에 의해 아세트산, 프로피온산, 뷰티르산과 같은 단쇄지방산으로 분해된 뒤 흡수된다. 또한 설탕(수크로스), 말토오스, 락토오스(유당) 등의 이당류(2개의 단당류가 결합한 당류)는 효소에 의해 포도당, 프럭토스(과당) 등의 단당류(더이상 가수분해 되지 않는 당류)로 분해된 뒤 소장 점막에서 흡수된다. 이들은 일상생활의 에너지원이 된다.

육류나 생선 같은 **단백질**은 위에 도착한 단계에서부터 이미 분해가 시작된다. 위액에 포함된 펩신이라는 효소가 큰 단백질을 펩톤이라는 작은 단백질로 분해한다. 그리고 펩톤은 십이지장에서 트립신이라는 효소에 의해 곧장 아미노산으로 분해되어 소장 점막에서 흡수된다. 아미노산은 근육, 소화기관, 내장을 비롯해 머리카락이나 피부

도표 1-3 ··· 당질, 단백질, 지질의 분해와 흡수

	당질 밥·빵	단백질 고기·생선	지질 지방·기름	식이섬유·올리고당 채소·과일
입	아밀라아제			
식도				
위		펩신		
십이지장	아밀라아제 수크라아제 말타아제 락타아제	트립신	리파아제	
소장	포도당	아미노산	지방산 글리세린	

소장에서 흡수

대장

단쇄지방산

대장에서 흡수

올리고당

장내세균의 먹이

의 콜라겐 등 중요한 조직을 만드는 바탕이 된다.

지질의 분해에는 리파아제라는 효소가 활약한다. 리파아제는 십이지장에서 지질을 지방산과 글리세린으로 분해한다. 지방산과 글리세린은 담즙산의 도움을 받아 소장 점막으로 흡수된다. 이들은 세포막을 만드는 재료와 에너지원으로 이용된다.

소화물은 십이지장에서 작은 분자의 영양소(포도당, 아미노산, 지방산 등)로 분해되어 소장 점막에서 흡수된 다음 혈액으로 들어가 온몸을 돌며 뇌와 몸의 발육에 사용된다. **핵심은 영양소가 소장 점막에서 흡수되어 혈액으로 들어간다는 점이다.**

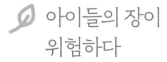

아이들의 장이 위험하다

소장 점막에는 미세한 구멍이 있다. 인체는 이 구멍을 통해 영양소와 물을 흡수하는데 단백질, 다당류, 세균, 바이러스 같은 큰 분자는 통과시키지 않는다.

하지만 이 구멍이 커지게 되면 앞의 큰 분자들이 장벽을 통과하여 혈류로 유입된다. 바로 '**장누수**' 상태가 되는 것이다. (도표1-4) 장누수 상태가 되면 몸 성분과 다른 이물질이 침입하는 것이기 때문에 우리 몸에서는 이것을 격퇴하기 위해 면역계가 작동한다. 이 과정에서 알레

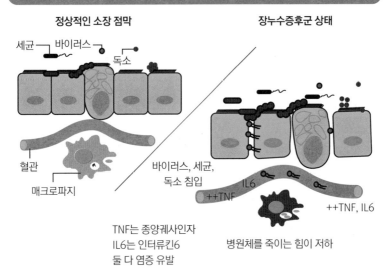

도표 1-4 ··· 정상적인 소장 점막과 장누수증후군의 상태

정상적인 소장 점막

세균 — 바이러스
독소

혈관
매크로파지

바이러스, 세균,
독소 침입

TNF는 종양궤사인자
IL6는 인터류킨6
둘 다 염증 유발

장누수증후군 상태

IL6
++TNF

++TNF, IL6

병원체를 죽이는 힘이 저하

르기가 생기거나 심하면 아나필락시스 반응이 발생하기도 하는데, 이를 '장누수증후군'이라고 부른다.

설령 장누수가 생기더라도 장이 건강하면 장에 거주하는 면역세포들이 작용해 이물질을 제거한다. 하지만 아이처럼 장이 연약하거나 장이 좋지 않으면, 이물질이 쉽게 혈관 내로 들어와 전신을 순환하면서 장기의 기능을 떨어뜨리거나 면역반응에 의한 염증으로 각종 질환을 불러온다.

일본에서는 최근 10년 사이에 아이들에게 천식, 꽃가루 알레르기, 아토피 같은 알레르기성 질환이 급증하고 있다. 심지어 후생노동성은 일본 국민 절반이 알레르기성 질환을 보유한 것으로 추정한다.

나는 갈수록 늘어나는 알레르기성 질환의 원인이 장누수증후군일 가능성이 높다는 점을 지적하고 싶다. 다만, 장누수증후군은 증상이 워낙 다양해서 진단이 쉽지 않다.

의사도 진단하지 못하는 장누수증후군

장누수증후군의 증상은 앞서 말한 알레르기성 질환뿐 아니라 발적, 부종, 습진, 가려움, 설사, 변비, 복통, 메스꺼움, 구토, 짜증, 불안, 우울, 의욕 저하, 집중력 저하, 면역력 저하, 피부 건조 등 매우 다양하다. 심지어 장누수가 발생하면 뇌에도 이상이 생길 수 있다.

어느 날 아이에게 이러한 증상이 나타나면 부모는 증상을 멈추기 위해 병원에 데려간다. 의사는 병증을 판단하여 '진단'을 내리는 게 일인지라 병의 상태를 살핀 후 이런저런 진단을 내리지만, 단번에 장누수증후군을 의심하기란 쉽지 않다. 그래서 음식 알레르기, 과민성 장증후군, 아토피, 우울증, 자폐증, 주의력결핍 과잉행동장애ADHD, 조현병 등의 병명으로 진단을 내리고, 그에 따라 설사약, 변비약, 진통제, 메스꺼움을 가라앉히는 약, 항우울제 등을 처방한다.

처방약 때문에 해당 증상은 잠시 나아질 수 있지만, 그렇다고 근본 원인이 해결된 것은 아니다. 오히려 약이 다른 곳에 영향을 미쳐 새로운 증상이 나타날 수 있다. 그러면 새로운 증상을 제어하기 위해 또 다른 약을 처방받게 된다. 먹어야 할 약의 종류가 점점 늘어난다.

약을 먹고 증상을 완화하는 것은 상한 음식에 뚜껑을 덮어 일시적으로 보이지 않게 할 뿐이다. 시간이 흐름과 동시에 병은 더 깊어지고 만성화된다. 이런 악순환을 겪지 않으려면 무엇보다 평상시 아이의 장 건강에 관심을 갖고 장누수가 생기지 않도록 조심해야 한다. 장은 우리 몸의 면역세포가 70~80% 존재하는 중요한 기관이므로 감염증이나 질병을 예방하는 차원에서도 반드시 관리가 필요하다.

그렇다면 장누수를 유발하는 원인은 무엇일까?

영양소가 흡수되는 소장 점막의 늙은 세포가 떨어져 나가고 새롭게 생성된 세포로 교체되는 것을 '신진대사'라고 한다. 소장 점막의 세포는 2~3일 간격으로 교체된다. 소장에서는 빠르고 활발하게 신진대사가 일어난다. 이 고속 신진대사를 담당하는 주역이 장내세균(장내 플로라)이다. 그런데 어떤 이유로 장내세균 종류나 수가 줄고 균형이 깨지면 소장 점막에서 떨어져 나간 늙은 세포를 대신하는 새로운 세포가 제때 생성되지 못한다. 결국 장의 구멍이 커지는 장누수가 생기게 된다. 또 장내에 유익균보다 유해균이 많아져 암모니아(독소)가 생성되어도 장벽에 상처가 생겨 장누수가 일어난다. 기본적으로 장내세균의 균형이 무너지면 장누수가 발생한다.

장내세균의 균형을 망가뜨리는 것들

이쯤 되면 인체에서 너무도 중요한 역할을 하는 장내세균이 왜 불균형해지는지 그 원인이 궁금할 것이다. 가장 큰 핵심 원인은 **나쁜 식생활과 약의 오남용**이다.

나쁜 식생활은 '**가짜 음식**'을 먹는 것이다. 가공식품, 냉동식품, 설탕, 밀가루, 콜라, 초콜릿, 정크푸드 등을 자주 많이 먹는 것이 문제다. 이 같은 식품을 많이 먹으면 장내세균의 균형이 무너진다.

가공식품에는 pH조정제나 유화제가 다량 함유되어 세균의 증식을 억제하기 때문에 보존기간이 길어진다. 오래 두어도 상하지 않는 가공식품은 장내세균에게 손상을 입힌다. 또한 환경호르몬이나 발암물질 같은 독성물질도 함유하고 있어 장내환경을 어지럽힌다.

당질이라고 하면 설탕을 먼저 떠올릴지 모르겠다. 하지만 탄수화물에서 식이섬유를 제거한 정제 전분도 당질이다. 백미는 거의 순수한 전분 덩어리다. 현대인은 이러한 정제 전분을 과잉 섭취하고 있다. 흰쌀밥, 면류, 빵, 케이크, 아이스크림, 쿠키 등은 모두 정제 전분 덩어리다. 아이들이 좋아하는 콜라나 과일주스에도 설탕이나 과당 등의 당질이 많이 들어 있는데, 이런 음식은 저혈당증을 일으킬 뿐 아니라 장에 염증을 유발한다.

편의점에서 판매되는 삼각김밥과 도시락에도 pH조정제, 착색료, 화학조미료가 많이 들어 있다. 삼각김밥은 '싸고 맛있고 편리'하지만 첨가물 범벅이어서 자주 먹으면 장내세균의 균형을 무너뜨리는 원인이 된다.

우리가 쉽게 복용하는 약은 어떨까? '20세기 최고의 발견'이라고 칭송받는 항생제는 지금까지 전 세계에서 수많은 사람의 목숨을 구했다. 하지만 항생제는 장내환경을 매우 악화시킨다. 과거 영양 상태나 환경위생이 좋지 않았던 시대에는 항생제가 감염증과의 전쟁에서 엄청난 성과를 거두었다. 그러나 예전보다 영양 상태나 환경위생이 훨씬 개선된 상황이라면 항생제를 많이 사용하지 않아도 괜찮다. 오히려 지금은 너무 과도하게 사용해서 문제다. 병원에 가면 항생제 처방이 남용되는 경우가 적지 않다.

항생제는 세균을 죽이는 약이기 때문에 체내에 들어오면 장내세균까지 무차별적으로 죽인다. 어른 아이 할 것 없이 항생제를 먹으면 장내세균 균형이 깨진다. 장내환경은 악화되고 장 점막에 상처가 나서 장누수가 발생한다. 지속적으로 약물을 복용하는 경우에도 장벽의 방어기능이 약화되어 장내세균의 균형이 무너진다.

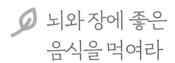
뇌와 장에 좋은 음식을 먹여라

그렇다면 무너진 장내세균의 균형을 되찾으려면 어떻게 해야 할까? 장내환경을 개선하면 장내세균의 균형은 물론 장누수 상태도 회복할 수 있지 않을까? 그 방법은 무엇일까?

우선, 장내세균에게 최적의 먹이를 찾아 제공하면 된다. 모든 장내세균이 좋아하는 물질은 **수용성 식이섬유**다. 유해균도 수용성 식이섬유를 먹을 때는 비정상적인 번식을 하지 않고 우리 몸에 해를 끼치지 않는다. 유익균은 수용성 식이섬유를 먹이로 삼아 사람에게 유용한 비타민, 아미노산, 단쇄지방산을 합성한다. 물론 중간균도 해를 끼치지 않는다.

뇌와 장의 관계는 최근 수년간 의학 분야에서 가장 다양하고 왕성하게 연구되는 주제로, 아이가 건강하고 똑똑해지는 열쇠는 '장'에 있다고 해도 과언이 아니다.

장에는 뇌신경 다음으로 많은 신경세포가 분포하고 있으며, 이 신경계가 뇌 신경계와 소통하면서 기분과 감정, 식욕을 조절한다. 그래서 장을 '제2의 뇌'라고 부른다. 뇌와 장은 보기에는 서로 별개의 기관 같아도 뿌리는 결국 같다. 아이 두뇌에 좋은 음식을 말하는 책에서 이렇게 길게 장 이야기를 하는 것은 그런 이유다.

장내환경을 좋게 하는 수용성 식이섬유의 대표는 '펙틴'이라는 다당류이다. 펙틴은 **귀리, 당근, 과일(특히 사과)**에 많이 들어 있다.

발효식품도 장내세균을 증식시키는 음식으로 매일 먹는 것이 좋

도표 1-5 ··· 장내환경을 개선하는 영양소

| 수용성 식이섬유 | 단쇄지방산 | 발효식품 | 올리고당 |

다. 콩을 발효시켜 만든 된장에는 유산균, 효모균, 국균(누룩곰팡이균)과 같은 유익한 균이 풍부하므로 추천한다.

특히 **올리고당**은 유익균이 가장 좋아하는 물질이다. 올리고당은 포도당과 같은 단당류가 3~5개 이어진 것이다. 올리고당은 열이나 산에 강해서 위산이나 소화효소에서 분해되지 않고 대장까지 다다른다. 예를 들어 올리고당을 풍부하게 함유한 음식을 일주일 동안 먹으면 비피두스균이 늘어난다. 올리고당이 풍부한 식품으로는 콩, 우엉, 양파, 꿀 등을 들 수 있다.

또한 대장의 점막을 회복하고 장벽 기능을 높이는 것이 **단쇄지방산**이다. 단쇄지방산은 아세트산, 프로피온산, 뷰티르산(낙산)이다. 과일이나 채소를 섭취하면 대장에서 장내세균이 식이섬유를 분해하고 단쇄지방산을 만든다. 이 단쇄지방산은 대장에서 흡수된다.

단쇄지방산은 두뇌를 건강하고 똑똑하게 만드는 데에도 기여한다. 인체와 뇌를 분리하는 혈뇌 장벽의 기능을 향상시키기 때문이다. 식이섬유를 먹어서 단쇄지방산이 장에서 충분히 생산되면 혈뇌 장벽이 강화되어 두뇌 손상을 막을 수 있다. 이는 다양한 두뇌질환 치료법으로도 사용된다.

결국 장을 이롭게 하는 건강한 식습관은 장내환경을 좋게 만들어 면역력을 높일 뿐 아니라 두뇌 발달과 정서 안정에도 도움이 된다. 그리고 장내세균이 만든 다양한 신경전달물질들은 아이가 생각하고 느끼는 방식을 긍정적으로 바꾼다.

- 어떤 영양소를 섭취해왔는지, 또 어떤 유해물질을 섭취했는지에 따라 아이의 두뇌 활동과 사고력이 크게 좌우된다.

- 음식과 영양제로 비타민과 미네랄을 충분히 섭취하면 지능지수가 높아진다.

- '죽은 음식(가공식품, 설탕, 밀가루 등 정제된 음식)'을 많이 먹으면 뇌기능에 문제가 생긴다.

- 납이나 알루미늄 등의 중금속과 각종 식품첨가물은 두뇌에 나쁜 영향을 미쳐 문제 행동을 유발할 수 있다.

- 지능은 유전자로 정해지는 것이 아니다. 음식과 장내세균 등 체내 미생물의 영향이 더 크다.

- 장 구멍이 커져서 장누수증후군이 되면 면역력이 떨어지고 알레르기와 각종 질환이 발생한다.

- 장에 좋은 음식은 아이의 두뇌 발달과 정서 안정에 도움이 된다.

PART 2

아이 두뇌를
건강하고 똑똑하게
발달시키는 음식

예로부터 사람들은 머리가 좋다는 말을
'머리가 유연하다'라고 표현했다.
그런데 이는 단순히 비유에 그치는 게 아니다.
실제로 신경세포막이 유연할수록 뇌기능이 좋아지기 때문이다.
요컨대 머리가 좋고 나쁜 것은 섭취하는
지질의 종류와 양에 따라 달라진다.

🌱 아이의 뇌는
언제 형성될까

뜬금없는 질문일지 모르지만, 아이의 뇌가 형성되는 시기는 언제일까?

그것은 태어나기 290일 전으로 거슬러 올라간다. 인간은 하나의 수정란으로 시작해 체세포 분열을 거듭한 후 태아가 된다. 태아는 엄마가 먹은 음식물이 분해되어 생긴 영양분을 탯줄을 통해 받아들여 성장한다. 그리고 수정한 지 290일 후 비로소 아기로 탄생한다.

인간의 뇌는 극도로 진화했고 성능 면에서 다른 동물을 압도한다. 우선 인간의 뇌는 크다는 게 한 특징이다. 다른 동물의 뇌와 비교하면 몸집에 비해 어울리지 않을 정도로 크다. 몸집 대비 뇌의 크기는 체중 대비 뇌 무게의 비율로 나타낼 수 있는데, 고양이를 기준(1.0)으로 했을 때 인간의 뇌 무게 비율은 7.44, 쥐는 0.5, 토끼는 0.4이다. 인간의 뇌는 쥐보다 15배, 토끼보다 19배 크다.[1]

특히 태아는 몸집 대비 뇌 무게의 비율이 이상하리만치 높다. 2개월 태아는 머리가 온몸의 절반, 5개월 태아는 35%, 그리고 신생아는 25%를 차지한다. 자궁 속에서 쑥쑥 자라는 태아는 엄마에게 받은 영양분 중 거의 절반을 뇌 성장에 사용한다.

갓난아기의 뇌는 날이 갈수록 커진다. 태어났을 때 무게는 불과 300g이지만 1세에 500g, 3세에 800g, 5세에 1,000g으로 급속히 늘어난다. 20세 무렵에는 최대 1,400g에 달한다.

성인의 뇌에는 약 1,000억 개의 신경세포가 있다. 신경세포는 주로 단백질과 지질로 이루어지며[2], 뇌의 활동 에너지는 주로 당질에서 얻는다. 뒤에 자세히 설명하겠지만 당질, 단백질, 지질을 뇌와 몸이 사용할 수 있도록 변환하기 위해서는 비타민과 미네랄이 꼭 필요하다.

신생아와 한창 자라나는 아이의 성장에 필요한 당질, 단백질, 지질, 비타민, 미네랄과 같은 영양소는 모두 아이가 먹은 음식으로부터 얻는다. 그렇다면 어떤 음식을 먹으면 생각하는 두뇌로 발달할까?

🌿 뇌는 인체에서 가장 기름진 장기

인간의 뇌는 수분을 제외하면 50%가 지질이다. 아이의 뇌는 매일 성장하고 커지기 때문에 필요한 지질의 양도 많아진다. 특히 없어서는 안 되는 것이 **필수지방산**이다. 필수지방산은 체내에서 합성되지 않기 때문에 반드시 음식으로 섭취해야 한다.

내 아이는 필수지방산을 충분히 섭취하고 있을까? 다음 중 아이의 상황과 맞는 항목이 몇 개인지 확인해보자.

☐ 고등어, 꽁치, 정어리와 같은 등푸른생선을 주 1회 이하로 먹는다.

□ 견과류를 주 3회 이하로 먹는다.

□ 육류나 유제품을 별로 먹지 않는다.

□ 피부가 건조하거나 습진이 잘 생기는 편이다.

□ 감자튀김, 감자칩과 같은 가공식품을 주 1회 이상 먹는다.

□ 눈이 가려워 자주 비빌 때가 많다.

□ 금세 목이 마르고 화장실에 자주 간다.

□ 감정 변화가 심하다.

□ 학습력과 기억력이 떨어지고 주의가 산만하다.

□ 스스로 쓸모없다고 생각한다.

□ 별로 기운이 없다.

만약 해당 항목이 5개 이상이면 여러분의 자녀는 필수지방산 섭취가 충분하지 않을 가능성이 크다. 필수지방산을 충분히 먹으면 이러한 증상이 개선될 수도 있다.

여기에서 말하는 필수지방산은 오메가-3 지방산과 오메가-6 지방산을 가리킨다. 알레르기, 천식, 습진, 감염증으로부터 아이를 보호하는 작용을 한다. 대표적인 오메가-3 지방산으로는 EPA(아이코사펜타엔산), DHA(도코사헥사엔산), 알파-리놀렌산이 있으며, 오메가-6 지방산으로는 리놀산이 있다.

필수지방산에는 아이의 두뇌를 건강하게 발달시키는 기능도 있어서 부족해지면 우울증, 과잉행동, 자폐증, 피로, 기억장애, 부적절한 행동 등을 유발할 수 있다. 말하기에 문제가 있는 3세 아이를 혈액검사 한 결과 마그네슘, 셀레늄, 아연, 필수지방산이 상당히 부족하다는 사실이 밝혀졌다. 그래서 생선기름, 종합비타민, 종합미네랄 영양제를 섭취하게 했더니 얼마 후 상태가 많이 호전되었다고 한다.

필수지방산은 뇌 신경세포를 만들고 신경 전달을 원활하게 하여 기억, 학습과 같은 두뇌작용을 좋게 만든다. 아이가 지닌 본래의 '지성'을 크게 높이려면 매일 양질의 필수지방산을 충분히 먹여야 한다.

포화지방산을 과잉 섭취하면 학습능력이 떨어진다

예로부터 사람들은 머리가 좋다는 말을 '머리가 유연하다'라고 표현했다. 그런데 이는 단순히 비유에 그치는 게 아니다. 실제로 신경세포막이 유연할수록 뇌기능이 좋아지기 때문이다. 요컨대 머리가 좋고 나쁜 것은 섭취하는 지질의 종류와 양에 따라 달라진다.

포화지방산은 딱딱하고 불포화지방산은 부드럽다. 고체와 액체 상태로 존재하는 모습 그대로, 포화지방산을 많이 먹으면 머리가 경직되고 불포화지방산을 많이 먹으면 머리가 유연해진다.

토론토대학교의 캐롤 그린우드 교수는 쥐를 이용한 실험으로 이를 증명했다. 포화지방산인 돼지기름을 대량으로 섭취한 쥐는 콩기름이나 해바라기씨유와 같은 불포화지방산을 섭취한 쥐보다 미로실험에서 점수 결과가 훨씬 낮았다.[3] 또 쥐의 학습능력은 포화지방산 섭취량이 늘면 늘수록 저하되었다. 충격적인 사실은 총 섭취 에너지의 10%를 포화지방산으로 채운 쥐는 아무것도 학습할 수 없는 상태가 되었다는 것이다.

부드러운 지방의 대표는 필수지방산인 오메가-3 지방산과 오메가-6 지방산이다. 똑똑한 두뇌를 만들기 위해서는 아이가 먹는 음식에 이러한 지방이 충분히 들어 있어야 한다.

필수지방산이 아이의 두뇌력을 높인다

필수지방산이 부족한 아이는 학습장애가 되기 쉽다. 한 실험 결과에서는 모유를 먹고 자란 아이가 분유를 먹고 자란 아이에 비해 초등학교 입학 때 측정한 지능지수가 높게 나왔다. 모유가 분유보다 필수지방산이 많이 함유되어 있기 때문인 것으로 추정된다. 아이의 두뇌력은 오메가-3 지방산과 오메가-6 지방산을 섭취함으로써 극적으로 개선된다.

같은 분유를 먹더라도 DHA 양을 달리해서 먹이면 지능에 어떤 변화가 생길까?

1998년에 영국 던디대학교의 피터 윌라츠 박사가 이에 대한 답을 의학전문지 〈랜싯〉에 발표했다.[4] 윌라츠 박사는 한 신생아에게는

DHA가 풍부한 분유를, 다른 신생아에게는 일반 분유를 같은 기간 동안 먹인 뒤 생후 10개월이 되었을 때 두 아기의 지능지수를 조사했다. 그 결과, DHA가 풍부한 분유를 먹은 아기의 지능지수는 일반 분유를 먹은 아기보다 현저하게 높았다.

그렇다면 아기가 태어나기 전 임신부가 오메가-3 지방산을 영양제로 섭취하면 아기 두뇌에 어떤 변화가 있을까?

오슬로대학교의 잉그리드 헬란드 교수는 임신 중에 오메가-3 지방산을 영양제로 섭취한 엄마에게 태어난 아기 A와 오메가-3 지방산을 섭취하지 않은 엄마에게 태어난 아기 B를 비교했을 때, A의 지능지수가 더 높았다는 연구결과를 발표했다.[5] 그리고 최근 연구에서 이 차이는 성인이 되고 나서도 지속된다는 사실을 확인했다.

필수지방산은 아이 때만이 아니라 평생 동안 우리 몸에 없어서는 안 될 중요한 영양소다. 어릴 때부터 꾸준히 섭취량을 유지하면 두뇌 발달에 도움이 된다.

🌿 ADHD 아동은 필수지방산이 부족할 가능성이 있다

학습장애 양상을 띠기 쉬운 ADHD(주의력결핍 과잉행동장애) 아동은 필수지방산이 부족해서 생길 수 있다는 의견이 제기되었다.

미국 퍼듀대학교의 존 버거스 교수가 아이들의 필수지방산 섭취량을 조사한 결과 ADHD 아동은 일반 아동에 비해 EPA나 DHA 같은 필수지방산 섭취량이 적다는 사실이 확인되었다.[6] 연구진은 이후 ADHD 아동에게 EPA와 DHA를 영양제로 먹게 했더니 불안, 과잉행동, 주의력결핍, 행동장애 등의 증상이 완화되었다고 한다.

그런데 정말 EPA와 DHA를 섭취하면 ADHD 아동의 행동이 개선될까?

이에 대해서는 영국 옥스포드대학교의 알렉스 리처드슨 교수도 연구결과를 발표했다.[7] 학습장애를 겪는 8~12세의 ADHD 아동 41명을 대상으로 필수지방산이 함유된 영양제를 먹은 그룹과 위약을 먹은 그룹으로 나누어 관찰했더니, 12주가 지나지 않아 필수지방산 영양제를 먹은 그룹의 성적과 행동이 위약을 먹은 그룹에 비해 두드러지게 개선되었다고 한다.

한편, 리처드슨 교수는 필수지방산이 든 영양제를 3개월간 섭취하도록 했더니 ADHD 아동의 독서능력이 개선되었다는 연구결과도 발표했다.

다수의 연구결과가 증명하듯, EPA와 DHA는 아이를 안정시키고 ADHD를 개선하는 효과가 있는 것으로 보인다. 아이들에게 EPA와 DHA를 적극적으로 섭취하게 하자. EPA와 DHA는 고등어, 꽁치, 정어리와 같은 등푸른생선에 많이 함유되어 있다.

어떤 비율로 섭취하면 좋을까

지금까지 부드러운 지방인 불포화지방산을 적극적으로 섭취하면 아이의 머리가 좋아진다는 내용을 설명했다. 하지만 부드러운 지방의 대표인 오메가-3 지방산과 오메가-6 지방산은 우리 몸에 미치는 영향이 정반대라는 점에 주의해야 한다.

오메가-3 지방산은 체내에서 염증을 억제하는 한편, 오메가-6 지방산은 염증을 촉진한다. 염증은 발열, 발적, 부종, 통증 등의 네 가지 증상을 가리킨다. 체내에서 염증이 진행되면 천식이나 알레르기, 습진 등이 발생하는데, 이는 성장기 아이들에게 종종 나타나는 염증성 질병이다. 그렇다고 염증이 무조건 나쁜가 하면, 그렇지도 않다. 염증은 우리가 감염증에 걸렸을 때 면역계가 병원체를 없애고자 발생하는 것이기 때문에 우리 몸에 필요한 반응이다. 따라서 중요한 건, 오메가-3 지방산과 오메가-6 지방산을 적절한 비율로 섭취하는 일이다. 바람직한 비율은 1:1이다.

현재 오메가-3 지방산과 오메가-6 지방산의 섭취 비율이 일본인은 1:4, 미국인과 영국인은 1:20~30이라고 한다(한국인은 1:10으로 알려져 있다_편집자주). 일본인뿐 아니라 미국인과 영국인도 오메가-3 지방산에 비해 오메가-6지방산을 과잉 섭취하고 있다. 현재 미국과 영국에서는 알츠하이머병이 폭발적으로 늘고 있는데, 그 원인 중 하나가 오메가-6 지방산의 과잉 섭취 때문인 것으로 지적되고 있다.

리놀산으로 대표되는 오메가-6 지방산은 옥수수유, 콩기름, 홍화씨유, 해바라기씨유 같은 식물성 기름에 많이 들어 있다. 아이들이 좋아하는 치킨이나 감자튀김, 과자, 정크푸드 등의 '가짜 음식'에는 오메가-6 지방산이 많이 함유되어 있다. 이러한 식품을 많이 먹을수록 염증이 생기고 알레르기도 증가하므로 절제가 필요하다.

오메가-6 지방산 섭취량을 줄이고 싶다면 오메가-9 지방산인 올리브유를 대신 사용하는 것도 한 방법이다. 하지만 최선책은 역시 오메가-6 지방산의 라이벌이자 염증 억제 효과가 있는 오메가-3 지방산을 적극 섭취하는 것이다. 뇌와 몸의 건강을 위해 가능한 한 오메가-6 지방산은 줄이고 오메가-3 지방산은 충분히 섭취하자.

🌿 EPA와 DHA를 효과적으로 섭취하는 법

어린이는 보통 하루에 300~400mg의 EPA와 DHA가 필요하다. 학습장애 같은 문제를 해결하고 싶다면 이보다 2~3배의 양을 섭취해야 한다. 성인은 질병 유무와 상황에 따라 500~2,000mg 정도 섭취가 권장된다.

여기서 하나 알아야 할 것은, 알파-리놀렌산, EPA, DHA는 서로 밀접한 관계에 놓여 있다는 사실이다. 이 세 가지 성분은 드넓은 바다에서도, 생체에서도 효소에 의해 알파-리놀렌산→EPA→DHA 순으로 전환된다. 이를 테면 바다에서는 식물성 플랑크톤이나 해조류가 알파-리놀렌산을 만들고, 이것을 동물성 플랑크톤이 섭취해 EPA로 바꾼다. 그다음 작은 물고기가 동물성 플랑크톤을 섭취해 EPA의 일부를 DHA로 전환한다. 이렇게 해서 작은 물고기를 먹은 큰 물고기는 DHA가 점점 더 풍부해진다.

그렇다면 오메가-3 지방산은 어떤 식재료에 풍부하게 들어 있을까?

알다시피 EPA와 DHA는 고등어, 꽁치, 정어리, 연어, 참치, 전갱이와 같은 등푸른생선에 많다. 단, 참치는 수은을 다량 함유하고 있기 때문에 임산부나 7세 이하의 아이는 자주 먹지 않는 편이 좋다. 알파-리놀렌산은 시금치, 양배추, 배추, 순무 같은 녹색 잎채소와 호두, 들기름, 아마인유 등에 많이 들어 있다. 샐러드에 들기름이나 아마인유, 올리브오일을 사용한 드레싱을 뿌려 먹으면 손쉽게 필수지방산을 섭취할 수 있다. 이렇게 하면 상대적으로 오메가-6 지방산이나 포화지방산을 줄이는 효과도 있다. 아마인유를 섭취한 닭이 낳은 달걀에도 오메가-3 지방산이 풍부하게 들어 있다.

그런데 효소에 의해 알파-리놀렌산→EPA→DHA 순으로 전환된다고 했으니 알파-리놀렌산만 섭취하면 생선을 먹지 않아도 괜찮겠다고 생각하는 사람이 있을지 모르겠다. 그건 잘못된 생각이다. 생체 효소에 의해 변환이 이루어지는 것은 확실하지만 효율성이 좋지 않고, 또 개인차가 크기 때문이다. 알파-리놀렌산을 섭취했다고 해서 꼭 DHA로 전환된다고는 말할 수 없다. 따라서 가장 확실한 방법은 등푸른생선을 먹는 것이다. DHA를 충분히 섭취하면 머리뿐 아니라 시력도 좋아진다. 가족의 두뇌와 눈 건강을 위해 등푸른생선을 주 2~3회 정도 식탁에 올리도록 하자.

하지만 중요한 영양소라고 해도 아이가 생선을 싫어하면 소용이 없다. 실제로 비린내나 가시가 많아서 생선을 싫어하는 아이들이 있기 때문이다. 그럴 때는 양념을 발라서 굽거나 동그랗게 전을 부쳐서 주는 등 조리법을 달리해보자. 아이가 좋아하는 음식에 곁들여 거부감을 없애주는 것도 방법이다.

임신·수유기 여성은 알파-리놀렌산, EPA, DHA를 많이 섭취해야 한다. 이 시기에 섭취한 영양분은 그대로 아이 두뇌를 만드는 재료가 되기 때문이다. 뇌의 10분의 1은 DHA로 이루어져 있다. 세계보건기구WHO는 오메가3 성분을 영유아용 우유에 첨가하도록 장려하고 있다.

오메가-3 영양제를 적절하게 이용해도 좋다. 요즘은 어류뿐 아니라 미세조류에서 추출한 식물성 DHA 영양제도 많다. 혹 생선기름에 함유되어 있을지 모르는 중금속 등이 마음에 걸린다면 식물성 제품을 선택하면 된다.

다만, 면역체계가 약한 아이들이 화학 잔여물 걱정 없이 오메가-3 지방산의 효과를 보려면 해당 영양제가 50도 이하의 저온에서 이산화탄소 같은 친환경 물질로 정제한 제품인지를 살펴야 한다. 또 분자구조가 알티지인지 확인하는 것도 필요하다. 알티지 형태의 오메가-3 지방산은 천연 오메가-3 지방산과 가장 흡사한 구조를 갖고 있어 체내 흡수율이 높고, 주요 영양분인 EPA와 DHA 함유량도 높다.

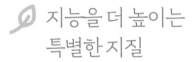

지능을 더 높이는 특별한 지질

인간의 뇌는 수분을 제외하면 절반이 지질로 구성된다. 지질 중에서 아이의 지능을 더욱 높이는 것은 **인지질**이다.

인지질은 인산과 지질이 결합하여 이루어진다. 인지질이 중요한 이유는 뇌 신경세포(뉴런)를 비롯해 인체에 존재하는 모든 세포막을 만드는 주성분이기 때문이다. 또 뇌와 간에 많이 존재하여 신경 전달이나 효소계의 조절작용에 중요한 역할을 한다. 도표 2-1

뇌 신경세포는 크게 세 부분으로 나눌 수 있다. 핵이 있는 '신경세포체'와 다른 세포에게 신호를 받는 '가지돌기', 그리고 받은 신호를 다른 세포에게 전하는 '축삭돌기'가 그것이다. 돌기 사이에 신호를 전달하는 부분은 '시냅스'라고 한다.

신경세포는 자극을 받았을 때 전기를 발생시켜 길게 뻗은 축삭돌기를 통해 다른 세포에게 정보를 전달한다. 인지질은 길게 뻗은 축삭돌기를 감싸서 전기신호의 누전을 막고, 뇌에서 정보교환이 신속하게 진행되도록 이끈다. 만약 인지질의 양이 부족하거나 질이 떨어지면 정보를 전달하는 전기신호의 속도가 떨어진다. 뇌기능이 저하되고 생각할 수 없는 뇌가 된다.

인지질은 **달걀(노른자위)**, 내장, 콩에 풍부하게 들어 있다. 아이의 두뇌 회전을 빠르게 하고 활발하게 작동시키고 싶다면 이러한 식품을 식탁에 자주 올려야 한다. 현재 내 아이는 인지질을 충분히 섭취하고 있는지 다음 항목에서 확인해보자.

□ 어패류를 주 1회 이하 먹는다.

□ 달걀을 주 3회 이하 먹는다.

□ 두부와 같은 콩 식품을 주 3회 이하 먹는다.

□ 내장요리를 잘 먹지 않는다.

□ 고기나 튀긴 음식을 즐겨 먹는다.

□ 기억력이 좋지 않은 편이다.

□ 암산을 잘 못한다.

□ 기분이 자주 가라앉는다.

□ 새로운 것을 배우는 데 시간이 걸린다.

□ 수업에 잘 집중하지 못한다.

해당 항목이 5개 이상이면 인지질 섭취량을 늘리는 편이 좋다.

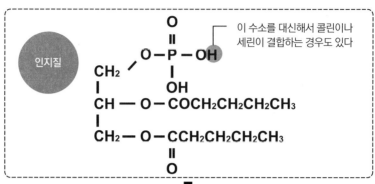

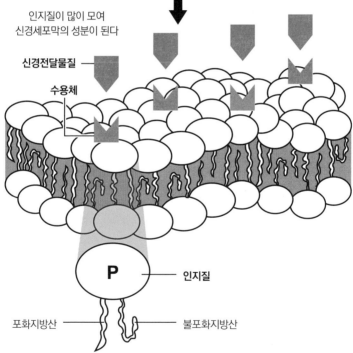

학습력과 기억력을 높여주는 물질

대표적인 인지질로는 '레시틴(포스파티딜콜린)'이 있다. 레시틴은 글리세린에 붙어 있는 인산과 콜린이 결합한 형태로 뇌의 신경 세포막을 부드럽게 한다. 아이에게 레시틴이 풍부한 음식을 먹게 해서 유연한 사고를 할 수 있게 키우자.

레시틴은 학습력과 기억력을 극적으로 높인다. 미국 듀크대학교의 스콧 스워츠웰더 교수는 이와 관련한 동물실험 결과에서 임신 중인 어미 쥐에게 레시틴을 공급했더니 우수한 새끼 쥐가 태어났다고 밝혔다.[8] 그리고 레시틴이 다량 함유된 먹이를 먹은 어미 쥐가 낳은 새끼 쥐와 일반 먹이를 먹은 어미 쥐가 낳은 새끼 쥐를 비교했을 때, 전자에게 다음과 같은 특징이 발견되었다.

- 뇌의 신경세포가 조밀하다.
- (신경세포와 신경세포가 이어진) 시냅스가 많다.
- 학습능력이 높다.
- 기억력이 뛰어나다.

더욱 주목할 점은 이 네 가지 특징이 늙어서도 계속 유지되었다는 사실이다. 이 연구를 통해 레시틴을 먹은 어미 쥐에게 태어난 새끼 쥐는 뇌가 변화하여 지능이 높아졌음을 알 수 있다. 쥐의 경우이긴 하지만 인간도 크게 다르지 않을 것으로 추정된다.

사실 레시틴은 '아세틸콜린'이라는 기억 물질을 합성하는 원료이다. 해마(뇌의 중간에 있으며 기억을 담당한다)의 신경세포에서 분비되는 아세틸콜린은 기억력, 학습력을 높이는 물질로 알려져 있다. 레시틴이 부족하면 뇌 속 아세틸콜린 수치가 낮아져 이러한 능력이 저하된다고 생각할 수 있다.

뇌에서 레시틴이 부족하면 뇌는 아세틸콜린을 만들기 위해 신경세포막이나 축삭돌기에서 레시틴을 빼내게 된다. 그러면 신경세포막과 축삭돌기가 변질되어 뇌 속의 정보 전달이 원활하게 이루어지지 못한다. 어릴수록 뇌에 중요한 역할을 하는 레시틴을 더 충분히 섭취해야 하는 이유다.

학교 수업을 잘 따라가지 못하는 아이, 어수선한 아이, 집중력이 부족한 아이는 ADHD나 학습장애가 아니라, 어쩌면 인지질 부족과 관련이 있을지도 모른다.

인지질을 보충해서 뇌기능을 높이자

인지질은 체내에서 만들 수 있기 때문에 음식으로 섭취하지 않는다고 해서 당장 무슨 병에 걸리는 것은 아니다. 하지만 음식으로 충분히 섭취하면 뇌기능을 더 강화할 수 있다. 인지질 중에서도 레시틴은 달걀노른자, 콩 식품, 내장, 오징어 등에 많이 들어 있다.

나이가 들면 뇌세포가 조금씩 파괴되고 그 수도 감소하면서 나머지 세포의 역할이 저하되어 치매가 오는 경우가 있다. 이 말은 바꿔 말하면 뇌세포 파괴 속도를 늦추거나 남아 있는 세포를 활성화할 수만 있다면 치매를 예방하고 발병 시기도 늦출 수 있다는 뜻이 된다.

여기에 도움을 주는 물질이 바로 레시틴이다. 콩 속의 레시틴 성분은 세포막 활동을 원활하게 만들어 세포 파괴를 늦추고 조직 활동을 자극해 뇌기능의 저하를 막아준다.

모든 식품 중에서 레시틴이 가장 많이 들어 있는 식품은 '**달걀**'이다. 임신부와 어린이는 매일 먹는 게 좋다. 레시틴 성분은 반숙으로 먹을 때 흡수율이 가장 좋으므로 삶거나 프라이를 할 때 다 익히지 않도록 한다. 비타민C가 풍부한 브로콜리나 시금치, 버섯 등을 곁들이면 부족한 영양소가 보완된다.

혹자는 달걀 속 콜레스테롤을 걱정할지 모르겠다. 물론 달걀에 콜레스테롤이나 지방 함량이 높은 것은 분명하다. 하지만 콜레스테롤의 80%는 체내에서 만들어진다. 콜레스테롤을 많이 섭취하면 체내에서 그만큼 콜레스테롤을 적게 만들고, 적게 섭취하면 많이 생성해낸다. 이러한 사실은 다양한 연구를 통해 증명되었고 많은 논문이 발표되었다.

캘리포니아대학교 알펀 슬레이터 교수의 논문에 의하면 혈중 콜레스테롤 수치가 정상인 25명에게 일상적인 식사 외에 하루에 달걀 2개를 추가해 8주 동안 먹게 했다. 그 후 혈중 콜레스테롤을 측정한 결과 수치는 전혀 상승하지 않았다.[9] 매일 1~2개의 달걀을 먹어도 콜레스테롤 수치는 오르지 않는다.

달걀은 값싸게 얻을 수 있는 '슈퍼 브레인푸드'다. 가능한 한 매일 달걀과 콩 식품 등을 챙겨 먹도록 히지.

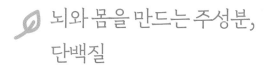

뇌와 몸을 만드는 주성분, 단백질

단백질은 생명에 가장 기본이 되는 물질이다. 몸과 뇌를 만드는 주성분일 뿐 아니라 에너지원으로도 사용된다. 몸에서는 물 다음으로 많은 양을 차지한다.

단백질의 기본단위 물질은 아미노산으로, 다수의 아미노산이 긴 사슬로 결합되어 구성된다. 우리가 육류(소, 돼지, 닭)나 생선, 달걀, 콩, 유제품 등을 먹으면 단백질이 위장에서 효소에 의해 잘게 분해되어 아미노산이 되고, 이 아미노산은 소장에서 흡수되어 에너지로 이용되거나 근육, 장기, 신경전달물질 등으로 변환된다.

아이의 두뇌를 발달시키고 마음의 안정을 주고 싶다면 아미노산을 꼭 챙겨야 한다. 아미노산이 충분하지 않으면 신경전달물질이 잘 생성되지 않아 우울하거나 과민한 증상이 나타날 수 있기 때문이다.

음식이나 영양제로 필요한 아미노산을 섭취하면 증상이 개선되는 경우가 많다. **트립토판**이라는 아미노산은 대표적인 항우울제인 '프로 작'보다도 우울증에 효과적이다. 또 **티로신**이라는 아미노산은 스트레스를 완화한다. 가바(감마-아미노뷰티르산)는 뇌가 과도하게 흥분하는 것을 억제하고 불안감을 해소한다. 아미노산은 아이들의 두뇌에 더할 나위 없이 소중한 존재다.

평소 아이가 예민하고 쉽게 피로를 느낀다면 아미노산이 부족해서인 건 아닌지 확인할 필요가 있다. 다음 항목을 한번 살펴보자.

□ 육류, 어패류, 달걀 중 한 가지를 하루 1회 이하 섭취한다.

□ 콩이나 견과류 중 한 가지를 하루 1회 이하 섭취한다.

□ 채식 위주로 식사를 한다.

□ 불안하고 우울하며 짜증이 난다.

□ 자주 피곤하고 의욕이 생기지 않는다.

□ 머리카락이나 손톱이 늦게 자란다.

□ 배고플 때가 많다.

□ 격렬한 운동을 한다.

□ 안색이 창백하고 자주 소화불량에 걸린다.

만약 해당하는 항목이 5개 이상이면 아이에게 아미노산이 부족한 상태일 수 있다. 아미노산을 공급하기 위해 단백질 섭취량을 늘리면 아이의 몸 상태가 한결 나아질 것이다.

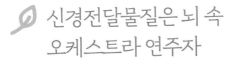# 신경전달물질은 뇌 속 오케스트라 연주자

신경전달물질은 뇌를 비롯해 체내에서 신경세포 사이의 '정보'를 전달하는 메신저 역할을 한다. 아이의 기분, 기억력, 주의력, 학습능력 등은 뇌 속을 바쁘게 돌아다니는 신경전달물질의 종류와 양에 따라 좌우된다.

뇌에서 세로토닌이 증가하면 아이는 행복감을 느끼고, 가바나 타우린이 증가하면 마음이 안정된다. 도파민이나 노르아드레날린이 증가하면 의욕과 활기가 넘치고, 두뇌는 쾌감으로 가득차서 몸이 피곤해도 뇌는 피곤한 줄 모른다. 반대로 도파민이나 노르아드레날린이 부족하면 뇌가 피곤해서 의욕이 생기지 않는다.

지금까지 발견된 신경전달물질은 100개가 넘는다. 이 중 특히 중요한 기능을 하는 물질은 다음과 같다.

- **아드레날린·노르아드레날린·도파민** : 이 세 가지는 뇌를 흥분시키는 '흥분성 신경전달물질'이다. 뇌의 가속장치로 작용하여 집중력을 높이고 의욕을 불러일으키며 스트레스에 대항한다. 한마디로 '집중력, 의욕 물질'로 이해할 수 있다. 도파민은 기분을 좋게 만드는 '쾌감 물질'로도 잘 알려져 있다.

- **가바·타우린** : 마음을 진정시키는 물질이다. '억제성 신경전달물질'로 뇌의 브레

이크 역할을 한다. 흥분을 억제하고 진정시키며 스트레스로 발생한 긴장을 풀어준다.

- **세로토닌** : 마음을 평온하게 하고 우울한 기분을 풀어주는 '행복 물질'이다. 우리 몸에서 세로토닌이 부족하면 우울해진다. 또 갑자기 식욕이 늘어나 폭식을 하게 되므로 쉽게 살이 찐다.

- **아세틸콜린** : 뇌를 예민하게 만들어 기억력과 주의력을 높이는 '기억 물질'이다.

- **멜라토닌** : 낮과 밤의 시간을 계산하고 생활 리듬을 조절하는 '타이밍 물질'이다. 멜라토닌은 어두운 밤에만 분비되며 수면을 유도한다. 이런 이유로 아이가 잠자리에 들 시간이 되면 방을 어둡게 해서 멜라토닌 분비를 유도하는 것이 좋다.

이외에도 만족감이나 도취감을 주는 **엔도르핀**과 통증을 전달하는 P 물질도 중요한 신경전달물질이다.

여기서 소개한 신경전달물질은 뇌 속 오케스트라의 주요 연주자들이다. 아름다운 오케스트라 음악을 연주하려면 주요 연주자가 꼭 있어야 하듯, 두뇌가 최적의 상태로 잘 돌아가려면 이러한 신경전달물질들이 잘 분비되어 균형과 조화를 이뤄야 한다.

양질의 단백질 식사가 필요하다

음식으로 섭취한 단백질은 위장에서 아미노산으로 분해되어 소장에서 흡수된다. 그리고 혈액에 의해 뇌로 운반된 후 재빨리 신경전달물질로 전환된다.

이처럼 뇌 속 신경전달물질은 아미노산으로 구성된다. 예를 들어 의욕과 에너지를 올리는 아드레날린은 페닐알라닌, 티로신 등의 아미노산에서 출발하여 도파민→노르아드레날린→아드레날린의 순서로 효소에 의해 변환된다. 도표 2-2

우리 몸에서 이용되는 아미노산은 전부 20가지로, 이 중 11가지는 체내 효소에 의해 다른 영양소로 전환해서 만들 수 있다. 나머지 9가지 아미노산은 체내에서 합성되지 않아 음식으로 반드시 섭취해야 하는데, 이를 '필수아미노산'이라 부른다. **트립토판, 라이신, 트레오닌, 발린, 아이소류신, 류신, 메티오닌, 트레오닌, 페닐알라닌, 히스티딘** 등이 해당된다. 이러한 필수아미노산을 얼마만큼 함유했는지에 따라 단백질의 질이 결정된다.

필수아미노산 함량은 단백질 식품의 영양가치 평가 기준으로 매우 중요하다. 필수아미노산의 질이 전부 기준치에 도달하면 아미노산가가 100이 되는데, 여기서 만약 한 개라도 기준치에 미치지 못하면 체내에서 단백질 합성이 잘 이루어지지 않는다. 그래서 양질의 단백질을 먹는 게 중요하다. 그렇다면 단백질을 효율적으로 잘 먹으려면 어떻게 해야 할까?

일단 무조건 아미노산가가 높은 식품을 선택한다. 아미노산가가 100인 대표적인 식품으로는 **닭고기·돼지고기·소고기 등의 육류와 달걀, 생선, 우유** 등이 있다. 특히 육류는 성장기 아이들에게 매우 중요하며, 철분과 아연을 보충하기 위해서라도 꼭 먹어야 한다.

여러 식품을 섞어서 아미노산가를 보완해 먹는 것도 방법이다. 콩의 경우 필수아미노산 9가지가 고루 들어 있지 않아서 그 자체만으로는 완전하다고 할 수 없지만, 다른 식품과 함께 먹어서 부족한 아미노산을 보충할 수 있다. 예를 들어 쌀은 흔히 당질만 들어 있으리라

도표 2-2 ⋯ 아미노산에서 신경전달물질이 만들어진다

아미노산 ➡ **신경전달물질**

트립토판 ➡ 세로토닌 ➡ 멜라토닌
　　　　　　（행복 물질）　（타이밍 물질）

트레오닌 ➡ 글리신
　　　　　　（숙면 물질）

페닐알라닌 ➡ 티로신 ➡ 도파민 ➡ 노르아드레날린 ➡ 아드레날린
　　　　　　　　　　　（쾌감 물질）　（흥분 물질）　（흥분 물질）

메티오닌 ➡ 시스틴 ➡ 타우린 ➡ 가바
　　　　　　　　　　（마음을 진정시키는 물질）（마음을 진정시키는 물질）
　　　　　↓
　　　글루타치온
　　　（항산화물질）

생각하기 쉽지만 의외로 총 에너지의 8%를 단백질이 차지한다. 아미노산가가 65인 쌀에 부족한 라이신은 콩에 많이 들어 있으므로 콩밥을 지어 먹거나 쌀밥에 청국장을 먹으면 아미노산가가 100이 된다.

이외에 질 좋은 식물성 단백질 식품으로 두부, 견과류 등이 있으며, 견과류 중에서도 피스타치오는 필수아미노산 9가지가 골고루 들어 있어서 아이 간식으로 좋다.

항우울제보다 아미노산

정신과 약은 뇌기능을 바꾸는 물질이다. ADHD 치료에 이용하는 리탈린(메틸페니데이트)과 미국 정신과에서 우울증이나 중증 비만치료에 처방하는 암페타민은 모두 각성제로서, 뇌 속에 아드레날린을 대량으로 방출시켜 효과를 낸다. 팍실, 졸로푸트, 프로작 등 선택적 세로토닌 재흡수 억제제SSRI 라 불리는 신형 항우울제는 뇌 속에서 세로토닌의 이용 효율을 높여 우울한 감정을 개선한다.

하지만 이러한 약들에는 부작용이 있다. 한번 복용하기 시작하면 약물 의존도가 높아져 끊기가 어려울 뿐 아니라 뇌와 몸에 손상을 입힌다. SSRI를 복용한 아이는 자주 자살 충동에 시달리거나 폭력을 휘두른다는 보고도 있다. 옥스퍼드대학교의 정신과 전문의 안드레아 치프리아니 박사의 〈랜싯〉에 실린 논문이나 코펜하겐의과대학교의 피터 괴체 교수가 〈브리티시 메디컬 저널〉에 발표한 논문 등에 따르면 아이들의 SSRI 복용에 따른 위험성은 약의 장점을 상쇄시킬 만큼 심각하다고 한다.

아이가 음식에서 섭취한 단백질은 아미노산으로 분해되고 혈액에 의해 뇌로 옮겨져 재빨리 신경전달물질로 전환된다. 이 신경전달물질의 종류와 양에 따라 아이 두뇌의 성능과 감정이 결정된다.

신경전달물질의 원료인 아미노산은 뇌에 해를 끼치지 않는다. 따라서 아이 두뇌를 최적의 상태로 만들고 싶다면 양질의 단백질을 음식으로 충분히 섭취해 아이 두뇌를 최적의 상태로 만들어야 한다. 날마다 부족함 없이 아이가 단백질을 섭취할 수 있도록 하자.

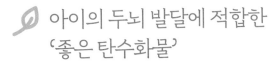

아이의 두뇌 발달에 적합한 '좋은 탄수화물'

아이가 가만히 있지 못하고 불안정하며 어수선하게 방 안을 마구 돌아다닌다. 이와 같은 경우는 콜라 같은 청량음료를 마신 뒤나 케이크, 초콜릿, 코코아 등 단 음식을 먹은 직후에 많이 발생한다. 설탕은 아이 뇌에 매우 나쁜 영향을 끼친다.

나는 당질이 나쁘다고 주장하는 것이 아니다. 뇌에 당질만큼 중요한 것은 없다. 여기서 말하는 당질이란 혈액 속에 녹아 있는 포도당, 즉 '혈당'을 말한다. 포도당은 뇌의 주요 에너지원이다. 포도당이 부족하면 우리는 제대로 생각할 수도 판단할 수도 없게 된다.

우리는 포도당을 '전분'이라는 당질에서 얻고 있다. 만약 혈액 속에 녹아 있는 포도당이 적으면 뇌는 에너지가 부족한 상태가 된다. 아이는 기운이 없고, 피로, 짜증, 현기증, 불면, 공격성, 불안, 집중력 결여, 우울감에 빠진다. 차로 말하자면 '연료가 떨어진 상태'다.

하지만 그렇다고 해서 포도당을 넘치게 주면 안절부절못하며 진정이 되지 않는다. 아이가 생각하는 두뇌를 유지하고 논리적으로 사고하며 정상적인 판단에 근거해 행동하기 위해서는 포도당을 뇌에 안정적으로 공급해야 한다. 포도당은 너무 적어도, 너무 많아도 안 된다.

지금 내 아이의 혈당은 안정적인지 아닌지 다음 항목들을 확인해 보자.

□ 볶음밥, 라면, 흰쌀밥을 좋아한다.

□ 크루아상, 케이크, 크림빵 등 정제 전분으로 만든 음식을 좋아한다.

□ 사탕, 초콜릿, 과자, 단 시리얼 등 설탕이나 정제 전분으로 만든 음식을 좋아한다.

□ 낮에 단 음식과 단 음료를 먹는다.

□ 콜라처럼 카페인이 들어간 음료를 좋아한다.

□ 아침밥을 거를 때가 있다.

□ 아침에 기운이 없을 때가 많다.

□ 가끔 낮에 에너지가 부족하다.

□ 때때로 집중이 되지 않거나 주의가 산만해진다.

□ 자주 먹지 않으면 멍해지거나 짜증을 낸다.

□ 별로 활력이 없다.

만약 해당하는 항목이 5개 이상이면 아이의 혈당에 주의를 기울일 필요가 있다.

좋은 탄수화물을 먹으면 감정과 행동이 안정된다

아이의 뇌를 최고의 상태에서 작동하게 하려면 가장 먼저 포도당을 뇌에 안정적으로 공급해야 한다. 이를 위해서는 먹고 난 후 혈당을 서서히 상승시키는 '**좋은 탄수화물**'을 먹이는 것이 무엇보다 중요하다. 탄수화물은 당질이라는 의미다.

좋은 탄수화물은 **현미, 콩, 채소, 버섯류, 해조류** 등에 풍부하다. 이들은 '진짜 음식'이다. 고도로 가공된 전분이나 설탕에 비해 소화 시간이 많이 걸리기 때문에 혈당이 급격하게 높아지거나 확 떨어지지 않는다. 간에서 지방으로 축적되기보다 에너지원으로 이용되므로 살찔 염려도 없다. 감정이나 행동이 안정되고 지능지수도 높아진다.

반면에 빵류, 시리얼, 백미, 설탕과 같은 '**나쁜 탄수화물**'은 혈당을 급격하게 상승시킨다. 급히 올라간 만큼 시간이 지나면 다시 급격하게 떨어지기 때문에 나쁜 탄수화물을 먹으면 혈당도 마음도 불안정해진다.

　빵이나 백미, 설탕 등이 나쁜 데에는 또 다른 이유가 있다. 곡물이나 사탕수수를 고도로 가공해서 정제 전분이나 설탕을 추출하는 과정은 음식에 함유된 단맛만을 추출하고 나머지 영양소를 버리는 행위다. 이는 자연을 속이는 행위와 같다고 생각한다.

　그 극단적인 예가 설탕, 옥수수 시럽, 액상과당이다.[10] 모두 혈당을 불안정하게 할 뿐 아니라 식이섬유, 비타민과 미네랄 등을 거의 갖고

	좋은 탄수화물 (GI 55 이하)	중간 탄수화물 (GI 56~69)	나쁜 탄수화물 (GI 70 이상)
빵	통호밀빵, 호밀 시리얼, 오트밀		식빵, 베이글, 머핀, 크림빵
과일	사과, 배, 오렌지, 복숭아, 살구, 감, 프룬, 딸기, 블루베리	바나나, 파인애플, 멜론, 건포도	수박, 대추야자, 밤
콩류	완두콩, 렌틸콩, 팥, 병아리콩, 강낭콩	콩 수프	
채소	버섯류, 잎채소, 콩나물, 양상추, 셀러리, 모로헤이야, 연근, 오이, 죽순, 무, 우엉, 오크라, 아스파라거스, 시금치	고구마, 은행, 비트	당근, 호박, 감자, 참마, 구운 감자, 삶아서 으깬 감자, 옥수수, 감자튀김, 팝콘
곡류	현미밥	메밀국수, 마카로니, 스파게티	흰쌀밥, 떡, 우동, 국수

· GI는 혈당지수
· 음식 섭취 후 혈당의 상승 속도를 수치화한 것. 포도당을 기준 100으로 한다.

있지 않다. 특히 청량음료에는 설탕 대신 액상과당이 대량으로 들어 있기 때문에 아이에게 먹이지 않는 편이 좋다.

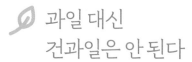 과일 대신 건과일은 안 된다

과일에 함유된 주 당질은 '과당'이다. 과당은 작은 분자여서 먹으면 바로 혈액으로 들어가는데, 간이 이를 포도당으로 전환하는 데 시간이 걸리기 때문에 좋은 탄수화물로 분류된다. 이런 면에서 사과는 과당이 많으므로 좋은 탄수화물이다.

반면, 포도나 대추야자 같은 과일은 포도당만 함유하기 때문에 나쁜 탄수화물에 속한다. 바나나는 과당과 포도당을 모두 함유하고 있어서 비교적 빠르게 혈당을 높인다.

과일에는 두 가지 이점이 있다. 하나는 과일에 함유된 식이섬유가 당질을 분해하는 소화효소의 작용을 방해하기 때문에 혈당의 급격한 상승을 억제한다는 점이다. 다른 하나는 효소를 돕는 비타민이 풍부하다는 점이다. 효소와 비타민은 끊으려야 끊을 수 없는 관계다. 우리 몸에서는 수천 가지 화학반응이 동시에 진행되고 있는데, 그러한 화학반응을 촉진하는 게 '효소'라는 촉매다. 하지만 이런 유능한 효소도 협력자가 없으면 촉매로 작용할 수가 없다. 이 협력자가 바로 비타민과 미네랄이다. 맛도 좋고 비타민과 미네랄도 풍부한 과일은 아이에게 꼭 먹여야 할 필수 음식이다.

그런데 요즘은 과일을 말려서 가공한 스낵을 과일 대용 간식으로 아이에게 주는 부모가 있다. 과일은 건강에 좋지만, 건과일은 당분이 지나치게 많아 주의가 필요하다. 건과일은 같은 무게의 과일보다 수분이 적은 만큼 당질이 많고, 부피가 작은 만큼 많이 먹어도 배가 부르지 않다. 따라서 건과일을 과일 대신 먹는다고 생각하면 큰일이다.

영양과 혈당을 고려해 과일을 먹는 가장 좋은 방법은 제철 과일을 적당량만 껍질째 먹는 것이다. 어린아이는 잔류농약과 같은 독소에 취약하므로 가급적 유기농 과일을 주거나 깨끗이 씻어 먹기를 권한다. 식이섬유와 비타민이 풍부한 사과와 오렌지, 각종 항산화물질이 풍부한 딸기와 베리류, 건강에 좋은 지방산이 많은 아보카도 등을 추천한다.

아이가 단 음식 중독이라면

아이들은 케이크, 도넛, 콜라와 같은 단 음식을 좋아한다. 단 음식을 원하는 대로 먹게 해도 괜찮을까? 당연히 그래서는 안 된다. 아이 두뇌에 좋은 음식의 기본은 열량만 높고 영양가는 없는 단 음식을 피하는 것이다.

아이들은 달콤한 맛을 좋아하기 때문에 내버려두면 계속 먹으려고 한다. 단 음식은 중독성이 강해서 쉽게 멈출 수가 없다. 그렇다면 단 음식만 먹으려 하는 아이는 어떻게 대처하면 좋을까?

갑자기 단 음식을 못 먹게 하면 아이는 더욱 먹고 싶어 안달하는 증상이 나타난다. 그럴 때는 아이가 먹는 음식에서 설탕을 조금씩 줄여가는 방법을 추천한다. 그래야 달지 않은 음식에 자연스럽게 익숙해진다. 또한 되도록 설탕이 첨가된 음식을 사주지 않는다.

물론 예외도 있다. 축구나 야구 등 격렬한 운동을 한 뒤에는 단 음식을 먹는 것이 필요하다. 격렬한 운동 후에는 혈당이 낮아질 뿐만 아니라 근육이나 간에 축적된 글리코겐이 다 소진되기 때문이다. 이때는 바나나나 포도, 수박처럼 혈당을 빨리 높이는 음식을 먹어도 좋다. 필요 이상의 포도당은 빈 글리코겐 창고를 채우는 데 사용되기 때문에 고혈당이 되지 않는다.

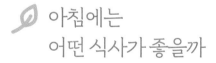

아침에는 어떤 식사가 좋을까

두뇌는 잠자는 동안에도 포도당을 소비하므로 아침에 일어났을 때는 에너지가 고갈되어 있다. 이런 상태에서 아침식사를 거르면 두뇌가 저혈당에 빠져 마음이 불안해진다. 초조하고 짜증이 나면 당연히 공부에 집중할 수가 없다. 아이가 학교 수업시간에 집중하려면 아침에 건강한 음식을 먹게 해야 한다.

영국의 키스 웨스네스 박사는 아이의 집중력에 영향을 미치는 아침식사의 효과를 연구해 그 결과를 발표했다.[11]

박사는 초등학생 29명을 대상으로 통밀 시리얼, 포도당액, 식사하지 않음의 세 그룹으로 나눈 다음 각각을 먹고 난 뒤 30분, 90분, 150분, 210분에 아이들의 주의력과 기억력이 어떻게 변화하는지를 조사했다. 그 결과, 포도당액을 먹은 아이와 식사하지 않은 아이는 통밀 시리얼을 먹은 아이에 비해 주의력과 기억력이 현저하게 낮았다. (도표 2-3)

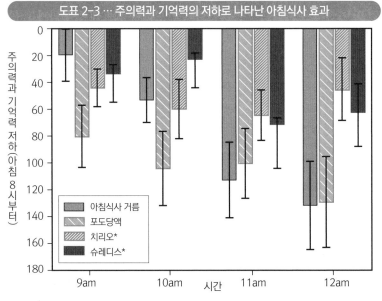

도표 2-3 ··· 주의력과 기억력의 저하로 나타난 아침식사 효과

출전 : K.A.Wesness et. al., Appetite 41 (2003) 329-331
*'치리오'와 '슈레디스'는 통밀 시리얼의 제품명

또한 영양이 풍부한 식사를 한 아이는 그렇지 않은 아이에 비해 수면의 질이 높다는 사실도 판명되었다. 아이에게 수면의 질은 매우 중요하다. 수면의 질이 높으면 아침에 잘 일어날 수 있기 때문에 기분도 좋고 식사 시간도 벌 수 있다. 이것이 바로 선순환이다.

아침식사를 하면 수면 중에 낮아졌던 체온이 오르고 몸이 잠에서 깨어나며 혈당이 높아져서 두뇌 활동에 필요한 에너지를 확보할 수 있다. 자연스럽게 건강하고 활기찬 하루를 보낼 수 있다.

어떤 당을 먹느냐가 문제!

아침에 잼을 바른 식빵, 베이글, 시리얼 등을 먹으면 혈당이 빠르게 상승한다. 그래서 식후 금방 힘이 나는 것 같지만 2~3시간쯤 지나면 혈당이 급격히 떨어진다. 머리가 멍해지고 금세 기운이 빠진다.

활력과 집중력을 오전 내내 꾸준히 유지하고 싶다면 좋은 탄수화물이 포함된 균형 잡힌 식단으로 아침을 먹어야 한다. 예를 들어 현미보리밥, 시래기된장국, 삼치구이, 견과멸치조림에 우유 한 잔을 곁들이거나 통곡물빵, 달걀프라이, 양배추샐러드, 방울토마토, 저지방우유로 차린 아침상 정도면 충분하다.

핵심은 아이의 아침식사에서 되도록 설탕으로 대표되는 영양가 없는 당질을 줄이는 것이다. 다음은 나쁜 탄수화물을 좋은 탄수화물(또는 중간 탄수화물)로 바꾸는 예이다.

- 식빵과 잼 → **통호밀빵과 땅콩버터 또는 잼**

- 크림빵·떡 → **오트밀**

- 도넛·시리얼 → **통호밀빵**

- 그루아상 → **통호밀빵**

- 흰쌀밥 → **현미밥**

- 감자튀김 → **찐 고구마**

- 바나나 → **사과 또는 오렌지**

혈당을 안정시키는 아침식사의 예

혈당을 안정시키는 방법은 식이섬유와 단백질을 적극적으로 섭취하는 것이다. 탄수화물을 먹을 때 식이섬유를 함께 섭취하면 위의 소화효소가 전분을 절단하는 데 시간이 걸려서 포도당이 혈액으로 서서히 방출된다. 식이섬유가 풍부한 음식에 함유된 전분은 서서히 포도당으로 분해되어 소장에서 흡수된다.

또한 단백질은 위 속의 소화물이 소장으로 이동하는 것을 늦추기 때문에 혈당 상승이 완만해진다. 혈당을 올리는 속도가 늦어지면 뇌에는 좋은 일이다. 단백질은 에너지 대사를 촉진하기 때문에 아침에는 꼭 먹여야 한다.

연어는 아침에 먹으면 좋은 단백질이다. 여기에 달걀이나 요구르트, 치즈 등 간편 식품을 더해보자. 특히 달걀노른자에는 레시틴이 풍부해 기억력과 집중력을 높여주므로 아침식사 메뉴로 매우 훌륭하다. 이외에 몇 가지 아침식사 메뉴를 제시하면 다음과 같다.

- 씨앗이나 견과류를 과일과 함께 먹는다.
- 씨앗이나 견과류를 통밀 시리얼과 함께 먹는다.
- 채소 샐러드에 고등어, 참치, 가리비, 연어 등 구운 어패류를 곁들인다.
- 채소 샐러드에 치즈, 삶은 달걀, 소고기, 요거트 등을 곁들인다.
- 스크램블 에그와 현미밥을 함께 먹는다.
- 호밀빵에 무설탕 땅콩버터를 얇게 발라서 먹는다.

아이가 아침을 잘 먹지 않으려 한다면 가벼운 음식부터 조금씩 늘리면서 아침 먹는 습관을 길러보자. 예를 들어 첫날은 딸기 한 개, 다음 날은 딸기 2개와 아몬드 3개를 준다. 그다음 날은 사과 반쪽이나 달지 않은 요구르트를 준다. 이렇게 가볍게 접근하면 2주일 후 아이는 샐러드를 먹게 될 것이다.

여기서 유념할 점은 부모도 자녀와 함께 아침식사를 해야 한다는 사실이다. 부모가 아침에 커피 한 잔만 마시고 출근한다면 아이는 그런 모습이 당연하다고 생각할 것이다. '아이는 부모의 거울'이라는 말처럼 좋든 싫든 아이는 부모의 모습을 따라 하며 자란다. 아이가 건강한 아침식사로 하루를 시작하길 바란다면 부모부터 모범을 보여야 한다는 점을 잊지 말자.

🌿 비타민과 미네랄이 두뇌에 미치는 영향

우리가 의식하지 못하는 지금 이 순간에도 우리 몸에서는 무수한 생화학반응이 동시에 일어나고 있다. 이러한 생화학반응을 진행하는 주역은 '효소'라는 촉매다. 인체에서 중요한 역할을 맡고 있지만 효소는 조력자가 없으면 대부분 촉매로서 작용할 수가 없다. 이 조력자가 바로 **비타민과 미네랄**이다.

우리가 먹은 음식을 신경세포, 신경전달물질, 수용체 등으로 전환하고 포도당을 산소로 연소시켜 에너지를 만드는 것도 효소의 역할이다. 이런 효소의 힘을 끌어내는 것이 바로 비타민과 미네랄이다.

비타민과 미네랄은 체내에서 합성할 수 없기 때문에 음식을 통해 섭취해야 한다. 인체에 아주 적은 양이 필요하지만 결핍되면 몸 상태가 나빠지기 때문에 주의가 필요하다. 예를 들어 비타민C가 부족하면 잇몸이 붓거나 출혈이 나타나고, 비타민A가 부족하면 눈이 쉽게 피로해진다. 또 비타민B군이 부족하면 몸 전체의 활력이 떨어진다. 아이오딘(요오드)은 갑상샘호르몬의 주성분이 되는 미네랄인데, 이것이 결핍되면 신진대사나 발육에 지장이 생긴다.

비타민과 미네랄이 부족하면 몸 상태에만 이상이 생기는 게 아니다. 뇌 활동에도 변화가 생긴다. 뇌의 변화를 그대로 방치하면 마음의 병으로도 이어지게 된다.

나는 1장에서 종합비타민과 종합미네랄의 다량 섭취로 아이들의 지능지수가 평균 9포인트나 올랐다는 벤튼 교수의 연구결과를 소개한 바 있다. 이처럼 비타민과 미네랄은 아이의 두뇌력과 집중력에도 영향을 미친다. 지금 내 아이는 비타민과 미네랄을 충분히 섭취하고 있는지 다음 사항을 확인해보자.

☐ 신선한 채소와 과일을 하루 2회 이하로 섭취한다.

☐ 녹색 채소를 하루 1회 이하로 섭취한다.

☐ 신선한 채소와 과일을 주 3회 이하로 섭취한다.

☐ 견과류를 주 3회 이하로 섭취한다.

☐ 종합비타민과 종합미네랄 영양제를 먹지 않는다.

☐ 주로 흰쌀밥이나 정제된 밀가루로 만든 빵을 먹는다.

☐ 인스턴트식품을 많이 먹는다.

☐ 종종 불안하거나 우울하고 짜증이 난다.

☐ 다른 사람과 소통이 잘되지 않고 무기력하다.

☐ 종종 근육 경련이 일어난다.

☐ 손톱에 흰 선이나 반점이 있다.

해당하는 항목이 5개 이상이면 아이는 비타민과 미네랄이 부족한 상태일 가능성이 높다. 신선한 과일과 채소, 견과류, 해조류 등을 충분히 먹어서 성장에 필요한 영양소를 놓치지 않도록 한다. 모든 영양소는 식사로 섭취하는 것이 가장 바람직하지만, 여의치 않을 때는 종합영양제를 먹는 것도 방법이다.

두뇌 발달 시기에 꼭 필요한 비타민과 미네랄

인간의 뇌가 폭발적으로 발달하는 시기는 태어나기 3개월 전부터 3세 무렵까지다. 이 단계에서 필요한 비타민과 미네랄을 제대로 섭취하면 두뇌 발달에 도움이 된다.

영국 '어린이건강연구소'의 앨런 루카스 교수는 16년 동안 이러한 내용을 연구해 논문을 발표했다.[12] 논문에 의하면 424명의 조산아를 출산 직후 두 그룹으로 나눠 한 그룹에는 표준 우유를, 다른 그룹에는 단백질, 비타민, 미네랄을 강화한 특별 우유를 각각 한 달 동안 먹였다. 그러고 나서 8세가 되었을 때 두 그룹의 지능을 측정했다.

그 결과, 특별 우유를 먹은 남자아이는 표준 우유를 먹은 남자아이보다 언어성 지능지수가 12포인트, 전체적인 지능지수는 6.3포인트나 높았다. 여자아이는 이보다 각각 2~3포인트 낮은 결과가 나왔다. 남자아이 쪽이 여자아이보다 더 효과적이었던 이유는 분명치 않지만, 조산아에게 영양소를 강화한 특별 우유를 공급하면 학령기에 이르렀을 때 지능지수가 높아진다는 사실을 알 수 있다.

루카스 교수는 한 인터뷰에서 이렇게 말했다.

"생후 바로 충분한 영양을 공급하면 조산아의 뇌 발달에 긍정적인 영향을 미친다는 사실이 밝혀졌다. 이 연구결과로 뇌가 발달하는 중요한 시기에 섭취한 식사는 아이의 건강뿐 아니라 성인이 된 후의 활동에도 크게 영향을 미친다고 할 수 있다."

나는 이 영향이 비단 조산아만이 아니라 여느 갓난아기들에게도 분명 적용될 것으로 생각한다.

뇌를 활성화하는 비타민B군

인간에게 중요한 필수영양소는 50가지인데, 모두 뇌와 정신 건강에 꼭 필요한 것들이다. 필수아미노산이나 필수지방산처럼 우리 몸에 없어서는 안 될 비타민과 미네랄은 무엇인지, 어떤 식품에 많이 들어 있는지 등을 한눈에 알기 쉽게 정리했다. 도표2-4 아이에게 특정 증상이 생겼을 때 부족한 영양소를 파악하는 데에도 도움이 되리라 생각한다.

이 가운데 특별히 강조하고 싶은 것은 **비타민B군**이다. 비타민B군은 우리 몸에 필요한 에너지를 만드는 일에 전면적으로 관여하는 영양소다. 비타민B1(티아민), B2(리보플래빈), 니아신(니코틴산, 니코틴산아미드, B3), 판토텐산, B6, B12, 엽산, 비오틴까지 모두 여덟 종류가 있다. 뇌는 인간이 섭취하는 총 에너지의 20%를 사용하는 '대식가' 장

도표 2-4 ··· 비타민과 미네랄이 부족하면 어떻게 될까		
영양소	결핍 증상	주요 식품
비타민B1	집중력 결여	돼지고기, 현미, 김, 명란, 정제하지 않은 곡물
비타민B2	성장 정지, 무기력	간, 달걀노른자, 치즈, 육류
니아신	우울, 조현병	어패류, 정제하지 않은 곡물
판토텐산	스트레스에 취약	육류, 어패류, 정제하지 않은 곡물
비오틴	피부 발진, 피로감	달걀, 토마토, 아몬드, 우유, 정제하지 않은 곡물
비타민B6	짜증, 우울	정제하지 않은 곡물, 어패류, 바나나, 프룬
엽산	짜증, 우울	시금치, 녹색잎채소, 간, 콩, 치즈
비타민B12	짜증, 우울	육류, 어패류, 달걀, 간, 연어알, 성게
비타민C	면역력 저하, 짜증, 우울	딸기, 감귤류 등 과일과 채소
마그네슘	수면장애, 짜증, 우울	녹색잎채소, 견과류, 씨앗
칼슘	수면장애, 짜증, 우울	어패류, 해조류, 유제품
철	우울, 감정 조절 어려움, 의욕 상실	적색육, 붉은 살 생선
아연	우울, 감정 조절 어려움, 의욕 상실	굴, 견과류, 씨앗류

기로서 그만큼 많은 양의 비타민B군을 소비한다. 그런데 비타민B군은 물에 녹는 성질을 갖고 있어 오줌, 땀과 함께 배출되므로 부족해지기 쉽다.

비타민B군은 신경작용에 중요한 역할을 해서 '신경 비타민'이라고도 불린다. 부족하면 즉시 뇌기능이 저하된다. 따라서 두뇌 건강을 위한 보험이라 생각하고 비타민B군이 풍부한 음식을 잘 챙겨야 한다.

비타민B군은 당질을 대사하고 에너지를 생산하는 열쇠가 된다. 이런 이유로 비타민B군 중에서도 결핍되기 쉬운 영양소가 비타민B1이다. 당질의 대량 섭취, 격렬한 운동, 발열, 그리고 아이의 성장기에는 많은 양의 비타민B1이 소모된다.

도표 2-4를 보면 알 수 있듯이 매일 먹는 음식에서 비타민B군을 섭취하기란 그리 어려운 일이 아니다. '진짜 음식'을 먹으면 된다. 진짜 음식이란 현미나 귀리(오트밀)처럼 정제하지 않은 통곡물과 채소, 콩류, 견과류, 그리고 과일, 육류, 어패류와 같은 전체식을 말한다.

비타민B1, 니아신, 판토텐산, 비타민B6의 가장 좋은 공급원은 육류나 어패류, 정제하지 않은 곡물과 채소다. 엽산은 시금치나 잎채소, 간, 치즈에 많이 들어 있다. 비타민B12를 섭취하려면 육류, 어패류, 달걀, 간, 연어알, 성게 같은 동물성 단백질을 먹는 것이 좋다.

그런데 비타민B군이 결핍되면 어떤 증상이 나타나는지는 잘 알려졌지만, 왜 그렇게 되는지 그 이유는 명확하지 않은 점이 많다. 또 각각 뇌에서 많은 역할을 담당하고 있지만 개개의 역할에 대해선 연구해야 할 부분이 많다.

그렇다면 아이가 비타민B군을 충분히 섭취하고 있는지 아닌지는 어떻게 알 수 있을까?

이는 소변이나 혈액검사를 통해 호모시스테인 수치를 확인하면 된다. 호모시스테인은 혈액 속에 들어 있는 유독물질을 가리키는데 B6,

B12, 엽산에 의해 분해된다. 만약 검사결과에서 호모시스테인 수치가 높다면 체내에 B6, B12, 엽산이 부족하다는 의미가 된다. 호모시스테인 표준 수치는 건강한 청소년이나 어른은 6마이크로몰 이하, 10세 이하 어린이는 5마이크로몰 이하다.

2005년 스웨덴의 안나 보르젤 박사는 9세부터 15세까지의 아동 692명을 대상으로 호모시스테인 수치와 학업성적을 조사했는데 호모시스테인 수치가 높을수록 성적이 낮다는 연구결과를 발표했다.[13] 만약 아이의 호모시스테인 수치가 높다면 육류 및 가공식품, 밀가루 음식 등을 조절하고 비타민B군이 풍부한 음식을 충분히 섭취하게 해야 한다.

뇌를 쾌적하게 만드는 데 중요한 역할을 하는 비타민B군의 특징은 다음과 같다.

비타민B1(티아민) – 주의력, 집중력 강화

비타민B1이 부족하면 즉시 에너지가 부족해져 몸도 뇌도 피곤하게 된다. 또한 주의력과 집중력이 유지되지 못해 학업에 좋지 않은 영향을 미칠 수 있다.

미국의 한 클리닉에서는 비타민B1이 결핍되면 어떤 증상이 나타나는지 성인을 대상으로 실험했다. 그 결과 3개월 이내에 실험자 전원이 쉽게 흥분하고 우울증이 나타나며, 작은 일에도 쉽게 싸우는 등 비협조적이 되었다. 또한 대부분 업무 능률이 떨어졌는데, 이것은 무기력, 집중력 결여, 기억력 소실로 인한 것이었다. 이후 식사에 비타민B1이 더해지자 2~3일 내로 실험 참가자들은 피곤한 증상이 사라지고 활력이 생기는 것을 느꼈다고 한다. 이 실험을 통해 비타민B1이 뇌에 어떤 역할을 하는지 대략 가늠할 수 있다.

흰쌀밥, 정제된 밀가루, 흰 설탕 등은 모두 비타민B1 결핍을 일으킨다. 카페인이나 청량음료도 비타민B1을 연소시켜 결핍을 일으킨다. 흰쌀밥처럼 정제된 곡물 대신 **현미나 배아미**를 섞어서 먹도록 하고, **돼지고기, 김, 명란, 고등어, 해바라기씨** 등 비타민B1이 풍부한 음식도 꾸준히 섭취하자.

비타민B2(리보플래빈) – 성장 촉진

비타민B2는 과거에 '성장인자Growth Factor'로 알려지면서 앞 글자를 따서 비타민G로 부르기도 했다. 비타민B2가 아미노산, 지질, 당질의 대사를 돕고 산화-환원반응을 촉진하는 효소도 돕기 때문이다. 산화-환원반응은 생물 성장에 꼭 필요한 에너지를 만드는 데 가장 기본이 되는 화학반응이다. 만약 비타민B2가 부족하면 이러한 화학반응이 원활하지 못해 성장이 더디거나 정지된다. 또한 구내염, 눈의 충혈, 눈의 피로, 가려움, 피부 건조 등도 발생한다.

비타민B2는 우유, 간, 달걀노른자, 치즈, 육류, 녹황색 채소에 많이 들어 있다. 아이에게 '성장 촉진 비타민'으로서 큰 역할을 하므로 반드시 챙겨 먹이도록 한다.

니아신(B3) – 심신 안정

심리 상태를 좌우하는 대표적인 비타민이다. 니아신이 부족하면 마음의 병(우울증)이나 설사, 부종을 일으키는 '펠라그라'라는 병이 발생한다. 또한 니아신은 혈당을 안정시키고 트립토판을 '행복 물질' 세로토닌이나 '타이밍 물질' 멜라토닌으로 전환하는 데에도 꼭 필요하다. 따라서 부족할 경우 마음이 불안정해지고 숙면이 어려워진다.

안타깝게도 대다수의 현대인은 니아신이 결핍된 상태일 것이다. 일본비타민협회가 발간한 〈비타민 사전〉에 의하면 니아신 결핍을 예방하려면 설탕 및 감미료, 과자, 유지류 등의 식품군을 조심해야 한다는데, 이는 모두 현대인이 과잉 섭취하고 있는 식품군이다. 더욱이 인스턴트식품에는 비타민B1, B2, 칼슘은 첨가해도 니아신은 첨가하지 않는다. 필연적으로 인스턴트식품에 의존하는 사람은 니아신 결핍이 의심되며, 달거나 기름진 음식을 자주 먹는다면 결핍은 더욱 심할 것으로 예상된다.

니아신은 소, 닭, 오리 등의 육류와 간, 명란, 가다랑어, 정어리, 가리비, 대구, 굴, 오징어 등의 어패류에 풍부하다. 현미, 쌀겨, 들깨, 호박 등 정제되지 않은 식품에도 많이 들어 있다.

판토텐산(B5) – 기억력 향상

항스트레스 기관인 부신이 적절한 기능을 하는 데 없어서는 안 되는 비타민으로, 결핍되면 부신을 피폐하게 만든다. 또 스트레스를 받을 때 이에 대항하기 위해 분비되는 아드레날린이나 코르티졸, 그리고 기억 물질인 아세틸콜린을 만드는 데에도 꼭 필요하다. 판토텐산을 인지질인 레시틴과 함께 섭취하면 아이의 기억력이 높아진다.

판토텐산은 간, 달걀노른자, 낫토, 쌀겨, 표고버섯, 부추, 브로콜리 등에 풍부하다. 과도하게 가공된 식품을 자주 먹으면 판토텐산 부족을 일으킬 수 있으므로 주의한다. 레시틴이 많이 함유된 식품은 64쪽을 참고한다.

비오틴(비타민H) – 피로감 해소

비오틴은 수용성 필수 비타민으로 당질과 지질 대사에 관여한다. 갑상샘, 생식기관, 신경조직, 피부조직을 유지하는 데 작용하며, 흰머리와 탈모도 예방한다.

비오틴은 자연 식품에 함유되어 있기 때문에 결핍 현상이 드물지만, 경우에 따라 부족해질 수도 있다. 오랫동안 날달걀 흰자를 섭취하거나 항생물질을 과도하게 사용하는 경우가 그렇다. 비오틴이 결핍되면 신경기능 장애, 졸음, 권태, 식욕 상실, 피부염, 탈모 증상 등이 생기고 촉각이 민감해진다. 비오틴은 호두나 땅콩, 달걀, 양송이버섯, 시금치 등에서 얻을 수 있다.

비타민B6·비타민B12·엽산 – 뇌를 위한 비타민B 트리오

비타민B6, B12는 뇌의 신경세포에 많이 들어 있기 때문에 '두뇌 비타민'이라고 불린다. 먼저 비타민B6는 아미노산을 다른 아미노산으로 전환하는 효소의 작용을 돕는다. 비타민 B12와 엽산은 공동으로 메탄과 많이 유사한 메틸기를 분자에서 분자로 이동시키는 '메틸화'라는 화학반응을 진행한다. 메틸화는 뇌 속 신경전달물질이나 호르몬의 합성에 꼭 필요하다. 따라서 B6, B12, 엽산 중 어느 하나라도 부족하게 되면 뇌 속 신경전달물질과 호르몬 생성에 차질이 생긴다. 예를 들어 B6가 부족하면 '행복 물질' 세로토닌도, '기억 물질' 아세틸콜린도 만들 수 없다. 이렇게 되면 쉽게 우울해지고 기억력도 저하된다.

비타민B6는 스트레스를 완화하는 효과도 있다. 즉, 스트레스는 비타민B6를 소비한다. B6가 부족한 상태에서 스트레스를 받으면 아이는 자꾸 기분이 가라앉고 우울해진다.

신경세포를 건강하게 유지하는 데 중요한 영양소는 비타민B12이다. B12가 부족해지면 뇌기능에 문제가 생기며 감각이 둔해진다. 가장 흔한 증상은 피로와 신경과민이다. 장기간 결핍되면 기억력 감퇴, 주의력 감소, 학습장애, 환청, 극도의 불안이 나타날 수도 있다. 한 연구에서는 비타민B12가 아주 소량 부족해도 청소년의 학업성적이 떨어진다고 발표했다.[14]

임신한 여성은 비타민B6, 비타민B12, 엽산을 충분히 섭취해야 한다. 이러한 영양소들이 척추의 일부가 좌우로 분할하는 이분척추증이라는 발달장애를 막을 뿐 아니라 태아의 두뇌 발달에도 도움이 되기 때문이다. 특히 엽산이 부족한 임산부에게 태어난 아기는 두뇌 발달이 늦고 지능이 낮다고 알려져 있다.[15] 엽산은 비타민B12와 서로 보충하는 관계로 어느 하나가 부족해도 적혈구가 줄어 빈혈이 되기 쉽다.

그렇다면 각각의 비타민이 풍부한 음식은 무엇일까?

비타민B6는 정제하지 않은 곡물, 육류(특히 동물의 내장), 고등어, 달걀, 강낭콩, 바나나, 브로콜리, 시금치, 양배추 등에 많이 들어 있다. 비타민B12는 소고기, 달걀, 바지락, 굴, 연어알, 치즈 등에 많이 들어 있다. 육류나 어패류 등 주로 동물성 식품에 풍부해서 채식주의자들에게 결핍되기 쉽다. 엽산은 시금치에서 처음 발견되었는데, **시금치를 비롯한 잎채소, 콩, 치즈, 배아, 감자 등에서 많이 얻을 수 있다.**

한편, 비타민B군 섭취에 중요한 채소와 과일을 아이가 먹으려 하지 않아 고민인 부모가 있을 것이다. 한 연구에 의하면 아이들이 새로운 음식을 친숙하게 받아들이려면 최소 10회 정도의 경험이 필요하다고 한다. 따라서 아이가 특정 채소나 과일을 거부한다면 바로 포기하지 말고, 방법을 달리해서 꾸준히 권해보자. '긍정적인 강요와 칭찬 그리고 가족이 맛있게 먹는 모습을 보여주는 것'은 혼내서 강제로 먹이거나 달래는 것보다 훨씬 효과가 있다.

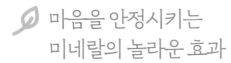 ## 마음을 안정시키는
미네랄의 놀라운 효과

미네랄은 아이의 뇌를 안정시키고 스트레스에 강한 아이로 키우기 위해 필요하다. 여기에서는 그 열쇠가 되는 몇 가지 미네랄을 소개한다.

칼슘과 마그네슘 - 안정과 숙면에 도움

미네랄이 아이를 안정시키고 숙면에 도움을 준다는 사실을 아는 부모는 많지 않을 것이다. 하지만 실제로 미네랄은 매우 중요하다. 특히 칼슘과 마그네슘은 뼈 성장을 비롯해 신경과 근육세포의 긴장을 풀어주기 때문에 반드시 필요하다.

근육 경련은 **마그네슘**이 부족해서 일어나는 경우가 많다. 칼슘이나 마그네슘이 부족하면 아이는 불안하고 짜증이 심해져 공격적으로 변하기 쉽다. 최근에는 자폐증 아동이나 ADHD 아동 치료에 마그네슘을 다른 영양소와 사용하여 큰 성과를 거두고 있다. 마그네슘에는 숙면을 돕는 효과도 있다.

마그네슘은 생체에서 일어나는 300가지 이상의 화학반응에 관여하며, 어떤 미네랄보다도 많은 효소를 돕고 있다. 마그네슘이 이토록 중요한 영양소임에도 불구하고 아이에게는 아연 다음으로 부족해지기 쉬우므로 충분히 섭취하게 하자.

마그네슘은 녹색잎채소에 많이 들어 있다. 잎채소의 아름다운 녹색은 마그네슘을 함유한 클로로필(엽록소)이라는 색소에서 비롯된 것이다. 하루 필요 권장량은 12~14세 남녀 청소년 모두 290mg이지만, 그 2배에 해당하는 600mg 정도를 섭취하는 것이 바람직하다. 마그네슘은 견과류나 씨앗에도 많이 들어 있는데, 특히 **아몬드, 깨, 해바라기씨, 호박씨** 등에 풍부하다.

칼슘은 우리 몸에서 가장 많은 미네랄이다. 체중 30kg 아동의 몸에 포함된 칼슘 총량은 약 600g 정도로 이는 체중의 약 2%에 해당한다. 칼슘의 99%는 뼈와 치아를 구성하고, 남은 1%는 혈액이나 세포 속에 녹아 있다. 이 1%의 칼슘이 혈관과 근육을 수축시키고 신경세포 간 신호를 전달하며 효소의 작용을 돕는다.

칼슘은 특히 포유동물의 신경계통에 영향을 미치는 물질로 '자연이 내려준 신경안정제'와 같다. 대부분의 전문가가 공통적으로 칼슘이 부족하면 정신이 불안해질 뿐 아니라 난폭해지기 쉽다고 말한다. 최근 유난히 성격이 예민하고 우울한 아이들이 늘어나는 것도 칼슘 부족을 원인으로 꼽는다. 아이들이 좋아하는 가공식품이나 탄산음료에는 나트륨과 인이 많아서 칼슘을 체외로 배출하기 때문이다. 예를 들어 햄, 소시지 등 가공육에 들어 있는 중합인산염은 몸속의 칼슘을 배출하고, 편의점 도시락은 칼슘이나 아연 등 미네랄 성분이 부족하므로 모두 좋은 먹을거리가 못 된다.

칼슘은 인간의 생사와 직결된 중요한 미네랄이기 때문에 혈액이나 세포 속에 부족하면 즉시 체내에서 부족분을 보충한다. 즉, 뼈에서 재빨리 칼슘이 분출되어 보완된다. 몸속에 칼슘이 부족해도 발견하기 어려운 건 바로 이 때문이다.

칼슘은 꽁치, 멸치 등의 어류, 대합, 바지락 등의 조개류, 다시마, 김, 미역, 톳 등의 해조류, 요구르트, 치즈 등의 유제품에 많이 들어 있다. 하루에 필요한 칼슘 권장량은 700mg이지만, 1,200mg 정도의 충분한 양을 섭취하기를 권한다. 다행히 씨앗에는 칼슘과 마그네슘이 풍부하게 들어 있다. 두 가지를 동시에 섭취하기 위해 매일 씨앗 한 스푼을 먹자. 참고로 칼슘이 제대로 기능하려면 마그네슘이 필요하므로 영양제로 먹을 때는 칼슘과 마그네슘을 2:1 비율로 섭취할 것을 권한다.

아연 – 정신건강에 필요한 영양소

아연은 모든 세포에 존재하고 많은 효소의 작용을 돕는다. 지속적으로 섭취해야 하는 필수영양소이지만, 실제로는 부족해지기 쉬워서 건강에 가장 많은 영향을 미치기도 한다.

아연이 부족하면 우울감, 불안, 과잉행동, 자폐증, 조현병, 섭식장애 등이 생길 가능성이 커진다. 요컨대 아연이 부족하면 정신건강이 위험해진다.

미국 아이들은 거의 절반 정도가 식사에서 섭취하는 아연이 충분치 않다고 한다.[16] 일본인은 더 심각해서 하루 평균 9mg의 아연을 섭취하는데, 이 수치는 하루 평균 15mg을 섭취하는 미국인이나 영국인의 60%에 불과하다.[17] 대다수의 일본인은 잠재적으로 아연결핍증 상태에 있다고 해도 과언이 아니다.

아연은 아이의 신체적·정신적 성장을 촉진하고 세포가 산화되는 걸 막을 뿐 아니라 세로토닌과 멜라토닌의 합성에도 매우 중요한 역할을 한다. 따라서 건강한 아이라도 아연이 풍부한 음식을 충분히 섭취해야 하며, 여의치 않으면 영양제로 섭취할 것을 권한다.

미국 농무부의 제임스 펜랜드 박사는 중학교 1학년 아이 209명(여자 111명, 남자 98명)을 대상으로 하루 20mg의 아연 영양제를 10주간 섭취한 효과를 조사해 발표했다.[18] 그 결과에 따르면 20mg의 아연 영양제를 섭취한 아이들은 섭취하지 않은 아이들과 하루에 10mg을 섭취한 아이들보다 사고력 속도가 훨씬 빨랐다. 또 기억력이 좋아지고 집중력도 오래 지속되었다.

사춘기, 스트레스, 감염, 혈당 문제 등 아이가 성장할 때 혹은 체질적인 이유에서 다량의 아연이 필요한 경우가 있다. 특히 12세 이상의 남성은 보다 많은 아연이 필요하다. 아연이 정액 형성에 필수적이기 때문이다. 아연이 부족하다는 가장 확실한 신호는 손톱에 하얀 선이나 반점이 나타나는 것인데, 이는 10대 청소년에게 흔히 볼 수 있는 현상이다.

영유아와 아동은 빠른 성장에 따라 아연 요구량이 늘기 때문에 결핍되지 않도록 더 큰 관심을 가져야 한다. 아연이 부족하면 만성 혹은 급성 설사를 유발하는데 설사를 통해 체내 아연이 계속 배출되어 악순환이 반복될 수 있다. 아연의 결핍은 면역력을 떨어뜨리고, 잦은 호흡기 감염과 숨쉴 때 쌕쌕거리는 '천명' 증상을 일으킬 수 있으므로 주의가 필요하다.

아연은 여러 식품에 함유되어 있는데, 특히 단백질이 풍부한 식품에 아연이 풍부하다. 대표적인 식품은 **굴, 조개류, 육류, 견과류와 씨앗** 등이다. 특히 굴 100g에는 약 14.5mg의 아연이 들어 있으므로 다양한 요리를 통해 적극적으로 먹도록 하자.

철분 – 활력 생성

혈액은 온몸의 세포에 산소를 공급하는 매우 중요한 역할을 한다. 철분은 단백질과 함께 혈액의 적혈구 속에 있는 헤모글로빈을 만든다. 철분이 모자라면 헤모글로빈을 만들지 못해 산소 운반이 어려워지는데, 그래서 생기는 병이 '철 결핍성 빈혈'이다.

빈혈이라고 하면 창백한 얼굴과 어지러운 증상이 먼저 떠오르지만, 걸핏하면 피곤하고 나른하며 집중력이 떨어지는 것도 철 결핍성 빈혈의 증상이다. 혈액량이 충분하지 않으면 몸이 활기를 잃게 되므로 철분은 몸에 활력을 일으키는 결정적인 영양소라 할 수 있다.

많은 전문가가 몸에 철분이 부족하면 ADHD를 일으키기 쉽다고 말한다. 미국 의학전문지 〈소아-사춘기 의학회보〉의 보고서를 보면, 철분 결핍이 뇌의 신경전달물질인 도파민에 기능 이상을 일으켜 ADHD를 촉진할 수 있다고 밝히고 있다.

미국의 〈임상영양학 저널〉은 철분 부족이 뇌의 발달 저하는 물론 이미 발달한 뇌의 기능까지도 떨어뜨릴 수 있다는 발표를 해서 충격을 주기도 했다. 몸에 철분이 부족하더라도 심각하지만 않다면 별 문제 없을 것이라는 생각은 잘못되었다는 게 드러난 것이다. 연구진은 아이는 물론이고 철분이 부족하기 쉬운 19~50세 여성들에게 콩, 시금치와 같이 철분이 풍부한 식품을 통해 하루 18mg의 철분을 반드시 섭취할 것을 권하고 있다.

하지만 철분은 흡수율이 낮은 영양소다. 콩이나 시금치에 많이 함유되어 있지만 식물성 식품에 함유된 비헴철은 체내 흡수율이 낮다. 따라서 가능하면 고기나 생선 등 동물성 식품에 함유된 헴철을 섭취하는 게 몸에 더 이롭다. 혈액을 만드는 데는 단백질도 필요하므로 고기와 생선의 붉은 살코기를 먹으면 '철분과 단백질'을 효율적으로 섭취할 수 있다.

아이가 빈혈에 걸리는 원인을 찾다 보면 엄마의 임신 기간으로 거슬러 올라간다. 아이는 배 속에 있을 때 엄마로부터 받은 철분을 '저장철'의 형태로 몸에 지니고 태어나기 때문에 엄마와 아이의 저장철 보유량은 비례한다. 다시 말해, 빈혈에 걸린 엄마가 낳은 아이는 빈혈에 걸리기 쉽다는 뜻이다. 게다가 출생 시 몸무게가 적을수록 저장철의 양은 적다.

아이에게 저장철이 어느 정도 있는지는 알기 어렵다. 하지만 이유식으로 철분을 충분히 섭취하지 못하면 쉽게 철분 결핍성 빈혈에 걸린다. 만약 아이가 자주 울고 초조한 몸짓을 보이며 언어 및 인지 발달이 더디다면 철분 결핍을 의심할 수 있는데, 부모가 그런 낌새를 알아채지 못한 상태에서 성장하는 아이도 있다. 다행인 점은 그런 아이라도 지금부터 철분을 보충하면 회복될 수 있다는 것이다.

체내 흡수율이 좋은 동물성 철분은 **가다랑어, 참치, 돼지고기**(등심), 소고기(살코기)에 풍부하며, 식물성 철분은 **시금치, 톳, 생청국장, 콩, 두부, 프룬** 등에 풍부하다. 철분은 파프리카(빨간색), 브로콜리, 레몬 등과 함께 섭취하면 비타민C의 도움으로 흡수율을 더욱 높일 수 있다.

- 아이에게 뇌를 유연하게 하고 염증을 억제하는 오메가-3 지방산을 적극적으로 먹이자. 오메가-3 지방산이 부족하면 ADHD를 유발할 우려가 있다.
- 뇌의 신경세포를 만드는 인지질이 아이의 지능을 한층 더 높인다.
- 뇌와 몸의 바탕이 되는 단백질을 충분히 섭취하자. 단백질이 분해되어 생기는 아미노산의 일부는 뇌 속 신경전달물질로 전환되어 아이의 감정 상태에 영향을 미친다.
- 아침식사로는 혈당을 서서히 상승시켜 심적 안정감과 활동 에너지를 주는 '좋은 탄수화물'을 먹이자.
- 과일은 좋지만 건과일을 섭취할 때에는 주의가 필요하다.
- 체내 생화학반응을 촉진하는 효소의 힘을 끌어내는 것이 비타민과 미네랄이다. 특히 부족하기 쉬운 비타민B군과 칼슘, 마그네슘, 아연, 철분을 충분히 섭취하자.

PART 3

아이 두뇌에
나쁜 영향을
미치는 음식

학교 수업 중에 산만하고
의자에 차분히 앉아 있지 못하는 아이가 있었다.
에너지가 넘치다 못해 괜히 옆자리 친구를
툭툭 치거나 시비를 걸기 일쑤였다.
나중에 알고 보니 아이는 청량음료와 이온음료를
매일 물처럼 마시고 있었다. 그처럼 설탕을 다량 섭취하니
혈당이 급격하게 오르락내리락하는 상태가 되어
뇌도 덩달아 춤을 춘 것이다.

먹고 싶은 대로 먹인 음식이 아이를 망친다

제2장에서 서술했듯이 아이의 뇌를 최고의 상태에서 활동하게 하기 위해서는 혈당을 서서히 올리는 좋은 탄수화물을 먹게 하는 것이 바람직하다. 그렇다면 그 반대의 경우는 어떠할까?

아이들이 많이 좋아하는 단 음식, 그러니까 아이에게 달콤한 빵이나 케이크, 슈크림, 아이스크림, 콜라처럼 설탕이 많이 들어간 나쁜 탄수화물을 먹고 싶은 대로 마음껏 먹게 하면 어떻게 될까?

일단 아이의 혈당이 급격하게 오르고, 이를 낮추기 위해 **인슐린**이 단번에 대량으로 방출된다. 그러면 또 혈당이 지나치게 내려가고, 포도당이 부족한 뇌는 연료가 떨어진 차나 마찬가지이기 때문에 정상적으로 기능하지 못한다.

뇌는 포도당이 부족하면 위기 상황으로 받아들인다. 스트레스를 받으면 뇌에서는 **아드레날린**을 분비하도록 부신에 신호를 보내고, 이 아드레날린은 교감신경을 흥분시킨다. 교감신경이 흥분하면 췌장에서 글루카곤이라는 호르몬이 분비되어 혈당을 상승시킨다. 이로써 저혈당은 해소된다.

하지만 아드레날린은 교감신경을 흥분시킬 뿐 아니라 분노도 유발한다. 이런 과정을 자주 겪게 되면 아이는 피로, 짜증, 불안, 두통에 시달릴 수밖에 없다.

더 큰 문제는 이러한 불쾌한 증상을 없애기 위해 아이는 문제 발생의 원인인 설탕을 더욱더 갈망하게 된다는 점이다. 또다시 같은 과정이 반복된다. 설탕을 간절히 바랄수록 아이의 감정 기복은 심해지고 피로와 짜증, 불안, 두통에 시달리게 된다. 갈수록 집중력이 떨어지고 행동도 이상해지는 악순환이 반복된다. 이처럼 나쁜 탄수화물의 섭취는 아이를 불안정하게 만든다.

대부분의 아이들은 단 음식을 좋아한다. 밥보다 과자나 빵, 콜라를 더 먹고 싶어 한다. 하지만 이러한 음식은 몸에 해로울 뿐 아니라 아이를 불안정하게 만든다. '어릴 때는 좀 먹어도 되지 않나?'라고 생각한다면 오산이다. 지금 익숙한 음식이 아이가 평생 즐겨 먹는 음식이 될 가능성이 높기 때문이다.

나쁜 탄수화물은 아이의 지능을 떨어뜨린다

나쁜 탄수화물은 아이를 불안정하게 할 뿐 아니라 지능도 떨어뜨린다. 영양학자 알렉스 샤우스 박사는 나쁜 탄수화물을 많이 섭취할수록 지능지수가 저하된다고 발표했다.[1]

샤우스 박사는 아이들을 설탕과 정제 전분을 많이 섭취하는 순서대로 다섯 그룹으로 나누어 지능지수를 조사했는데, 그 결과 설탕과

정제 전분을 가장 많이 섭취한 그룹이 가장 적게 섭취한 그룹에 비해 지능지수가 25포인트나 낮았다.

이외에도 지금까지 많은 연구자가 **설탕을 다량 섭취하면 공격적인 행동, 폭력, 불안, 피로, 과잉행동, 집중력 결여, 우울감, 섭식장애, 학습장애가 일어날 수 있다는 결과를 발표했다.**[2] 아이의 지능지수를 높이기 위해 제일 먼저 해야 할 일은 아이로부터 빵, 과자, 케이크, 아이스크림, 콜라 등 정제 전분이나 설탕이 듬뿍 들어간 음식을 멀리 떼어놓는 일이다.

ADHD 아동은 여느 아이들보다 설탕을 다량 섭취한다는 사실도 밝혀졌다. 만약 정말로 설탕이 ADHD나 폭력적인 증상들을 유발한다면 설탕 섭취량을 줄임으로써 불안정한 아이나 비행청소년의 행동을 개선할 수 있을 것이다.

캘리포니아대학교의 스티븐 숀텔러 교수가 이를 증명했다. 소년원에 입소한 12~18세 비행청소년들을 두 그룹으로 나누어 한쪽 그룹에만 설탕 섭취량을 지속적으로 줄이자 그들의 비행이 다른 쪽 그룹에 비해 눈에 띄게 반감되었다.[3] 설탕을 줄이면 비행청소년의 행동이 개선된다는 숀텔러 교수의 연구결과는 앞서 소개한 바바라 리드 박사의 연구결과와 정확히 일치한다.

그런가 하면, 1982년 벤튼 교수는 아이의 혈당이 떨어지면 주의력과 기억력이 저하되고 공격성이 늘어난다고 발표했다.[4] 벤튼 교수의 연구결과는 뇌에 포도당을 안정적으로 공급하는 일의 중요성을 말해준다.

ADHD 아동뿐 아니라 보통 아이도 지능을 높이고 두뇌 발달을 향상시키려면 당분을 통호밀빵이나 사과, 오렌지 같은 좋은 탄수화물 식품으로 대체해 섭취하는 게 필요하다.

평범한 아이가 싸움꾼이 된 이유

청량음료는 '산뜻하고 톡 쏘는 맛'이 좋아서 즐겨 먹게 된다. 냉장고 음료수 칸에는 늘 청량음료를 구비해두는 가정도 많다. 하지만 이는 결코 환영할 만한 일이 아니다. 알다시피 콜라는 설탕이 잔뜩 들어간 '설탕물'이다. 콜라와 같은 청량음료는 아이 두뇌 발달에 해로운 대표적인 식품이다.

학교 수업 중에 산만하고 의자에 차분히 앉아 있지 못하는 아이가 있었다. 에너지가 넘치다 못해 괜히 옆자리 친구를 툭툭 치거나 시비를 걸기 일쑤였다. 선생님이 말려도 소용이 없었다. 나중에 알고 보니 아이는 청량음료와 이온음료를 매일 물처럼 마시고 있었다. 그처럼 설탕을 다량 섭취하니 혈당이 급격하게 오르락내리락하는 상태가 되어 뇌도 덩달아 춤을 춘 것이다.

청량음료에 든 설탕의 양은 도대체 어느 정도일까? 콜라의 성분 표시에는 '제품 100ml당 탄수화물 11.3g'이라고 적혀 있다. 콜라 한 캔이 350ml이니, 대략 39g의 탄수화물이 들어 있는 셈이다. 탄수화물은 화학적으로 탄소, 산소, 수소로 구성된 물질을 의미하며 단백질,

지질과 함께 3대 영양소이다.

하지만 콜라에 들어 있는 탄수화물은 바로 '설탕'이란 점을 잊어선 안 된다. 콜라 한 캔 속에는 아무 영양소 없이 각설탕 10개 분량의 설탕 39g이 들어 있다. 조금 출출하다고 콜라 한 캔에 시판용 단팥빵 하나를 먹으면? 각설탕 32개를 먹는 셈이 된다. 참 끔찍한 분량이다.

세계보건기구는 성인의 하루 설탕 섭취량을 50g으로 제한하고 있다. 콜라 한 캔만 마셔도 절반 이상을 채우는 셈이다.

2017년 〈사이언티픽 리포트〉에 실린 연구에 의하면, 평소 설탕 섭취량이 적은 사람들은 많은 사람들보다 정신건강 면에서 안정적인 것으로 나타났다. 설탕을 먹으면 기분이 좋아지는 것 같지만, 실제로는 기분을 침체시키고 전반적인 정신건강에도 해롭게 작용한다는 것이다. 설탕 섭취로 혈액 내 포도당이 상승하면 1시간 내로 각성 효과가 사라지고 도리어 피로도가 높아진다고 한다.

미성숙한 아이의 뇌라면 설탕이 미치는 영향은 더욱더 치명적일 것이다. 어릴 때부터 설탕 섭취량을 조절해야 하는 이유가 여기에 있다. 다만, 아이가 스스로 조절하기란 쉽지 않은 일이므로 부모가 잘 이끌어야 한다.

첫 번째는 아이에게 단 음료를 함부로 주지 않는 것이다. 그리고 두 번째는 그간 길들여진 단맛에 대한 욕구를 건강하게 채워준다. 설탕이나 첨가당 대신 자연식품의 단맛을 즐기도록 유도하는 것이다. 청량음료를 좋아하는 아이라면 탄산수에 감귤류 과일이나 허브 등을 첨가해주는 일부터 해볼 수 있다.

아울러 과일주스는 건강에 좋다고 생각하기 쉽지만 그렇지 않다. 다량의 당류가 들어 있기 때문이다. 시판용 오렌지주스나 사과주스는 물을 반 정도 더 넣어 마시는 편이 낫다.

🌿 미처 몰랐던 액상과당의 위험성

1970년경부터 식품회사는 사탕수수나 사탕무로 만드는 설탕 대신 옥수수를 원료로 하는 감미료를 사용하게 되었다. 옥수수전분을 분해하면 달콤한 맛의 옥수수 시럽이 만들어지는데, 이 옥수수 시럽에 포함된 포도당을 효소로 처리해 과당으로 변환시키면 '액상과당'이 된다.

통상 액상과당에는 포도당과 과당이 절반씩 들어 있어 설탕과 비슷한 단맛이 난다. 그래서 청량음료나 시판용 과일주스는 물론이고 빵, 쿠키, 아이스크림, 소스, 잼, 통조림 등 단맛 나는 가공식품에는 거의 빠짐없이 들어간다.

설탕은 혈당을 불안정하게 할 뿐 아니라 중독성도 강하기 때문에 많이 섭취하면 몸에 해롭다. 그렇다면 액상과당은 많이 먹어도 괜찮을까?

	용량(ml)	설탕·당류(g)
코카콜라	350	39
펩시콜라	350	42
닥터페퍼	350	39
환타 오렌지	350	42
CC 레몬	350	35
바닐라 프라푸치노	610	58
넥타피치(후지야)	250	28
오로나민C	120	19
화이브 미니	100	13
레몬워터	500	28
오렌지주스	240	24
사과주스	240	26
2% 아쿠아	500	32
칠성사이다	355	39
트로피카나 스파클링(망고)	355	50
마운틴 듀	355	43
밀키스	340	42
코코팜(망고코넛)	340	51
데미소다(애플)	250	25
아침에주스 오렌지(서울우유)	210	21

· 한국 시판용 주스는 옮긴이 자체조사

결론적으로 액상과당은 설탕보다 더 나쁘다. 식품회사가 감미료를 설탕에서 액상과당으로 바꾼 데에는 이유가 있다. 액상과당이 설탕보다 훨씬 값이 싸다는 점, 설탕보다 더 달다는 점, 식품 가공이 쉽다는 점, 식품 유통기한이 더 길다는 점, 그리고 구이 요리에서 식감과 색감을 좀 더 길게 보존할 수 있다는 점 때문이다. 한마디로 감미료로서 이점이 많다.

액상과당은 식품회사에 큰 이익을 가져다준 반면, 소비자에게는 엄청난 불이익으로 돌아왔다. 미국에서는 액상과당이 도입된 1970년부터 1990년까지 20년 동안 사용량이 10배나 증가했는데, 이와 함께 미국인의 비만이 급증했다.[5] 값싼 액상과당을 사용한 덕분에 식품회사는 손실 없이 식품의 크기를 키울 수 있었다. 미국의 특대 사이즈 피자, 햄버거, 핫도그는 액상과당의 역할이 크다.

우리를 단숨에 살찌게 만드는 액상과당

그렇다면 액상과당은 왜 우리를 살찌게 할까?

우선 액상과당이 함유된 청량음료는 설탕이 들어간 식품에 비해 혈당을 많이 상승시키지 않는다. 그래서 인슐린도 상대적으로 많이 분비되지 않는다. 원래 인슐린은 세포에 포도당을 넣어 에너지를 만들게 할 뿐 아니라 포만감을 느끼게 하는 작용도 한다. 그런데 액상과당을 먹으면 설탕에 비해 인슐린이 적게 분비되니 뇌는 별로 포만감을 느끼지 못한다. 자연스럽게 과식을 초래하여 살찌게 만든다.

캘리포니아대학교의 피터 하벨 교수는 과당 100%와 포도당 100%로 만든 단 음료수를 섭취했을 때의 호르몬 변화를 연구해 발표했다.[6] 결과는 과당 음료수를 마셨을 때가 포도당 음료수를 마셨을 때보다 인슐린과 렙틴의 분비량이 감소했다.

인슐린은 포만감을 준다. 렙틴은 식욕을 떨어뜨리고 음식 섭취량을 억제하며 지방을 연소한다. 이런 이유로 인슐린과 렙틴이 줄어들면 과식을 하게 되고 지방이 연소되지 않기 때문에 체중이 크게 늘어난다. 게다가 과당은 직접 간으로 보내진다. 간에서는 포도당보다 더 빠르게 지방으로 변환된다.

흔히 비만이 되는 이유를 과식과 운동 부족이라고 생각하지만 복병이 있었다. 바로 가공식품 속 액상과당이다. 성인뿐 아니라 아이에게도 액상과당의 과잉 섭취는 불안정한 혈당과 비만을 초래한다.

과당이 소장에서 혈액으로 흡수되지 못하고 대장까지 가면 또 다른 문제도 발생한다. 대장에 거주하는 세균에 의해 분해되면서 가스가 차고 설사를 일으키는 화학물질도 만들어져 심신이 불편해진다.

🖋 설탕 대신 사용하는 인공감미료는 안전할까?

　설탕의 대체품으로 인공감미료를 사용하는 사람이 늘고 있다. 인공감미료는 설탕보다 적은 양으로 수백 배 강한 단맛을 내지만 비영양물질인 경우가 많아 대부분 저칼로리 또는 무칼로리다. 요리나 베이킹을 할 때 넣으면 칼로리에 대한 부담을 덜 수 있어 많이 사용한다.

　식품회사는 인공감미료의 안전성이 충분히 입증되었다고 주장하지만 아스파탐(상품명 스위트필), 수크랄로스(상품명 스플렌다), 사카린나트륨(사카린), 아세설팜칼륨 등 판매 중인 인공감미료의 안전성에 대한 의문은 현재진행형이다.[7]

　인공감미료 관련 기업에서 돈을 받은 연구자들은 당연히 인공감미료가 안전하다고 주장한다. 하지만 그렇지 않은 독립 연구자들은 설탕 대체품이라는 인공적이고 부자연스러운 '화학적 합성품'을 사용하지 말고 천연감미료를 선택하라고 주장한다. 설탕, 포도당, 꿀 같은 천연감미료를 사용하되, 양을 조절하는 게 더 낫다는 의미다.

　현재 사용되고 있는 인공감미료의 특징과 장단점을 간단히 소개한다. 나와 가족의 건강을 위해 무엇을 선택할지는 직접 판단해보기 바란다.

아스파탐

설탕보다 100~200배 더 단맛이 난다. 1983년에 미국 식품의약국 FDA의 승인을 얻은 뒤 음료, 과자, 주스, 빙과류 등의 첨가물로 세계 120여 개국에서 널리 애용되고 있다. 특히 제로 콜라 같은 다이어트용 음료에 많이 사용된다. 사실 아스파탐의 칼로리는 과당의 120분의 1 이하로서 거의 무시해도 될 정도다. 칼로리가 거의 없으니 아스파탐을 설탕 대용으로 마음 놓고 먹어도 될까?

식품으로 섭취한 아스파탐은 체내에서 메탄올, 아스파르트산, 페닐알라닌으로 대사되어 혈액을 타고 뇌와 골수 등 온몸에 퍼진다. 그런데 이 가운데 메탄올은 강력한 신경독으로 인체에 해롭다고 알려져 있다. 일부에서는 과일이나 채소에도 메탄올이 들어 있기 때문에 안전하다고 주장하지만, 과일이나 채소에 들어 있는 메탄올은 펙틴이라는 식이섬유로 싸여 있어 장을 안전하게 통과한다. 그러나 아스파탐에서 분해된 메탄올은 배설을 돕는 물질로 싸여 있지 않다.

또한 메탄올은 알코올 탈수소효소에 의해 포름알데히드로 변환된다. 사람 이외의 동물은 포름알데히드를 그다지 유독하지 않은 포름산으로 변환한다. 하지만 인체에서는 이러한 변환이 일어나지 못해 포름알데히드가 뇌나 신경계에 심각한 피해를 유발한다. 현재까지 알려진 아스파탐의 부작용은 두통, 경련, 불안, 우울, 현기증, 체중 증가, 불면, 기억장애, 메스꺼움 등 90가지 이상이다.

수크랄로스

설탕보다 무려 600배나 강한 단맛을 가진 무칼로리 감미료다. 청량음료, 드레싱소스, 디저트에 많이 사용된다. 수크랄로스는 설탕 분자 중에 3개의 염소가 함유되어 있는 유기염소계 화합물이다. 같은 유기염소계 화합물로 디디티DDT 농약, 환경호르몬인 폴리염화바이페닐, 맹독성 다이옥신이 있다는 점을 감안하면, 수크랄로스도 우리 몸에 썩 바람직한 물질은 아니라고 유추할 수 있다. 수크랄로스 섭취와 관련한 동물실험 결과에서 적혈구 감소, 흉선(가슴샘) 위축, 티록신(갑상샘호르몬) 저하 등의 부작용이 제기되기도 했다.

사카린나트륨

가장 오래전부터 존재한 인공감미료다. 당도가 설탕의 300~400배나 되기 때문에 설탕 대체품으로 널리 사용되어 왔다. 어육가공품, 청량음료, 막과자, 절임식품 등에 많이 사용된다. 미국 FDA에서는 사카린나트륨의 발암성 논쟁이 일어나자 1972년에 안전식품 목록에서 사카린나트륨을 제외하기도 했다. 수컷 쥐를 대상으로 한 사카린나트륨 실험에서 방광암에 걸린 쥐가 나왔다는 연구결과가 발표되자 사람에게도 발암 가능성이 있는 물질로 분류한 것이다.[8] 하지만 1985년 역학연구에서 사카린나트륨과 발암성의 연결고리는 발견되지 않았다.[9]

그럼에도 사카린나트륨의 유해성 논란은 여전히 계속되고 있다.

2010년 미국에서는 '인간유해우려물질' 리스트에서 사카린나트륨을 삭제한다고 밝혔지만, 여전히 많은 연구자가 사카린나트륨을 사용하지 않기를 권고하고 있다.

아세설팜칼륨

설탕보다 200배 더 단맛이 나며 빵, 과자, 빙과류, 소스, 청량음료에 많이 사용된다. 다른 인공감미료와 마찬가지로 식욕, 체중, 혈당 조절에 해롭다는 우려가 제기되고 있다. 그런가 하면 미국 FDA의 인가를 받기 위해 인용된 동물실험이 아세설팜칼륨의 발암성을 증명하는 데 불충분하다는 비판도 있다.[10] 수크랄로스와 아세설팜칼륨은 도입된 지 얼마 안 된 첨가물이기 때문에 섭취하지 않는 편이 낫다고 생각한다.

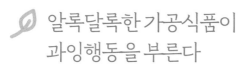

알록달록한 가공식품이 과잉행동을 부른다

아이들이 좋아하는 사탕이나 아이스크림, 음료 등은 유난히 색깔이 화려하다. 알록달록 예뻐서 먹어보고 싶은 호기심이 생긴다. 이처럼 시각적인 자극을 줘서 먹고 싶게 만드는 것, 바로 가공식품 속 합성착색료의 역할이다. 그런데 이러한 합성착색료가 두뇌에는 해롭다는 사실을 알아야 한다.

유해성 논란이 제기된 대표적인 합성착색료는 석탄으로 만들어지는 '타르색소'이다. 타르색소는 황색 제4호, 녹색 제3호 등과 같이 색깔과 호수로 표기한다. 껌과 사탕, 과자, 음료수 등에 색깔을 내기 위해 많이 사용된다. 이 중 가장 눈여겨봐야 할 색소는 음료 제조에 흔히 사용되는 **타트라진(황색 제4호)**이다. 노란 빛깔을 내는 색소로서 아이들이 먹는 음료에 많이 들어 있다.

영국 서리대학교의 닐 워드 교수는 음료수에 첨가된 타트라진이 소변으로 배출되는 아연의 양을 늘린다는 사실을 발견했다.[11] 워드 교수는 아이들에게 타트라진을 첨가한 주스와 첨가하지 않은 주스를 마시게 한 뒤 소변에서 검출되는 아연의 양을 조사했는데, 타트라진 첨가 주스를 마신 아이들의 아연 농도가 무첨가 주스를 마신 아이들에 비해 높았다. 타트라진 섭취로 소변 내 아연 농도가 높아졌다는 말은 무엇을 의미할까? 이는 혈액 속 아연이 타트라진과 결합하여 소변으로 배출되었음을 의미한다.

또한 워드 교수는 타트라진 첨가 주스를 마신 아이들의 심리와 행동에도 변화가 생겼다는 사실을 발견했다.[11] 연구에 따르면, 일부 아이들은 음료를 마신 후 30분 이내에 매우 충동적이고 폭력적이 되었다고 한다. 아연이 소변으로 배출되면서 불안이나 과잉행동을 야기한 것으로 보인다.

아연과 마그네슘, 철분, 칼슘 등은 우리 몸에 꼭 필요한 영양소다.

부족해지면 신체는 물론 두뇌도 심각한 타격을 입는다. 아이가 이유 없이 집중력이 떨어지거나 피로감, 불안감, 스트레스, 신경계통의 부정적인 증상을 경험한다면 합성착색료가 가득한 음료나 가공식품을 너무 많이 먹고 있는 건 아닌지 살펴볼 필요가 있다.

이밖에도 타르색소는 소화효소 작용을 방해하고 간이나 위에 장애를 일으키며 알레르기를 유발한다. 최근에는 타르색소의 발암성이 보고되고 있다.

합성착색료가 아이 뇌에 미치는 영향

미국과 유럽의 부모들은 타트라진뿐 아니라 **황색 제5호(선셋 옐로), 퀴놀린 옐로, 카모이신, 적색 제102호(뉴콕신), 적색 제40호(알룰라 레드)** 등의 합성착색료도 아이 뇌에 나쁜 영향을 끼친다고 주장해왔다. ADHD 아동의 가족들로 구성된 모임에서는 이러한 색소를 식품에 첨가하지 않도록 제조회사에 호소하거나 사용금지 법안을 제정하도록 정부에 청원했지만 정부의 움직임은 더뎠다. 한편, 영국 식품기준청FSA은 사우스햄프턴대학교의 짐 스티븐슨 교수팀에 연구비를 지원해 합성착색료에 관한 연구를 의뢰했다. 연구결과는 두 논문으로 발표되었다.

2004년 첫 번째 논문에서는 ADHD 아동 1,873명의 식사에서 타트라진으로 대표되는 합성착색료와 합성보존료(방부제)인 벤조산나

트륨을 제거하자 아이들의 과잉행동이 감소되었다고 밝혔다.[12]

두 번째 논문은 2007년 〈랜싯〉에 발표되었다.[13] 이 실험에서는 3세 유아와 8~9세 아동 297명에게 착색료와 보존료가 첨가된 주스를 6주간 마시게 했다. 아이들이 먹은 착색료와 보존료의 양은 하루 1~2개의 사탕에 들어 있는 양과 비슷했다. 그 결과, 착색료와 보존료가 첨가된 주스를 마신 3세 유아(153명)와 8~9세 아동(144명)은 모두 마시지 않은 아이들에 비해 주의력이 유지되는 시간이 짧아졌다.

스티븐슨 교수는 연구결과에 대해 이렇게 말했다.

"합성착색료와 벤조산나트륨을 섭취하지 않으면 ADHD 증상이 개선된다. 또 건강한 아이가 합성착색료와 벤조산나트륨을 섭취하면 과잉행동이 발생한다."

현재 판매되고 있는 대부분의 청량음료에는 합성착색료와 합성보존료인 벤조산나트륨이 들어 있다. 부모는 아이가 즐겨 먹는 음료들이 뇌를 흥분시키고 과잉행동을 유발한다는 사실을 인지해야 한다. 음료의 성분 표시를 주의 깊게 살펴서 카페인, 합성착색료, 벤조산나트륨, 액상과당 등이 들어 있다면 마시지 않도록 잘 설득해야 한다.

가공식품은 당분과 나트륨, 지방은 과도하고, 비타민과 미네랄 등 몸에 꼭 필요한 영양분은 거의 없는 식품이 대다수다. 먹으면 먹을수록 영양불균형을 초래하기 쉽다. 무엇보다 맛과 유통기한을 위해 추가로 넣는 '식품첨가물'이 어마어마하다. 보존료, 감미료, 착색료, 착향료, 산미료, 안정제, 팽창제, 산화방지제, 표백제, 향미증진제 등 식품 종류에 따라 사용범위가 매우 넓다. 일일이 열거하기가 어려울 정도다.

식품첨가물은 화학적으로 합성된 물질이다. 인체 내에서 분해가 잘 안 되고, 때로는 독성물질로 작용한다. 식품첨가물이 많은 가공식품 위주의 식사를 하면 암이나 당뇨, 고혈압 등 만성질환이 생길 수 있으며 심장질환 위험도도 증가한다. 아이 두뇌와 몸에도 이상이 생길 수 있다. 갈수록 증가하는 소아암과 아토피 피부염, 알레르기 등이 이와 무관하지 않다. 집중력 저하나 산만함, ADHD, 학력저하 현상 등도 가공식품, 패스트푸드 편식과 관련이 있다고 알려져 있다.

따라서 적어도 만 3세까지는 가공식품을 최대한 자제하도록 식습관을 교육하자. 이때까지 경험하게 되는 '맛'이 평생에 걸쳐 아이 입맛에 영향을 미치기 때문이다.

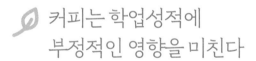

커피는 학업성적에 부정적인 영향을 미친다

커피에는 10대 청소년의 혈당 균형을 무너뜨리는 물질이 많이 들어 있다. 커피는 중독성이 있을 뿐 아니라 아직 많이 알려지지 않았지만 지능도 저하시킨다. 문제는 학업성적이 중요해지는 10대가 되면 에너지드링크나 커피를 마시면서 밤샘 공부를 하는 아이들이 적지 않다는 사실이다.

에너지드링크나 커피 같은 **고카페인 식품**은 일시적으로 잠을 쫓고 집중력을 향상시키는 효과가 있지만, 시간이 지나면 집중력이 더 떨어지고 피로감이 몰려올 수 있다.

오클라호마대학교의 커비 길리랜드 교수는 커피가 학업성적에 부정적인 영향을 미친다는 연구결과를 발표했다.[14] 같은 대학에서 심리학을 전공하는 159명의 학생을 대상으로 커피 섭취량에 따라 전혀 마시지 않는 그룹, 하루에 한 잔 마시는 그룹, 2~5잔 마시는 그룹, 5잔 이상 마시는 그룹으로 나누어 우울감, 불안감, 학업성적 등을 조사했다.

그 결과 하루에 2잔 이상, 많게는 5잔 이상 마시는 그룹은 전혀 마시지 않는 그룹에 비해 우울감과 불안 정도가 높고 학업성적도 낮았다. 또한 단어를 외우는 시험에서 카페인을 섭취한 사람의 성적이 낮았다는 많은 연구결과가 보고되고 있는 점을 보면, 아이가 시험 전에 좋은 성적을 위해 커피를 마시는 것은 오히려 역효과가 날 수 있다.

그런가 하면 영국의 니콜라 리처드슨 박사는 커피가 정말 뇌를 활성화하는지 아니면 단지 몸에 카페인이 없어서 생기는 불쾌감, 즉 금단증상을 줄이기 때문에 기분이 좋아지는 것인지에 대한 의문에 대답했다.[15]

연구결과에 따르면 커피 애호가가 한 잔의 커피를 마시면 마시기 전보다 분명히 기분이 좋아지지만, 커피를 전혀 마시지 않은 사람보다 기분이 좋아지는 것은 아니라고 한다. 커피를 마심으로써 카페인 금단증상이 가벼워진 것뿐이라는 말이다.

과도한 카페인 섭취는 칼슘 흡수를 방해하여 뼈 생성을 억제할 수 있다. 초조하고 불안한 증상이나 불면증도 카페인 과잉에 따른 증상이다. 이를 무시하고 계속 섭취하면 내성이 발생하고 카페인 중독으로도 이어질 수 있어 주의가 필요하다. 부작용은 나이가 어릴수록, 섭취하는 카페인 용량이 많을수록 쉽게 발생한다. 실제로 심장질환이 있는 청소년이 고카페인 음료를 과다 복용했다가 사망한 사례도 있다.

지금까지 많은 연구에서 얻은 교훈은 아이에게 에너지 드링크는 물론이고, 커피 역시 마시게 해서는 안 된다는 것이다. 어려서부터 그러한 음료를 마시는 것은 좋을 게 하나도 없다. 여타 의존증이 그렇듯, 가까이 한 기간이 오래될수록 습관은 더욱 고치기 어렵다.

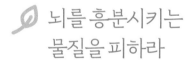

뇌를 흥분시키는 물질을 피하라

설탕, 액상과당, 정제 전분만이 혈당을 불안정하게 만드는 요인은 아니다. 카페인과 같은 흥분성 물질도 이들 못지않게 아이의 혈당을 교란시킨다. 더욱이 카페인은 전두엽을 흥분시키고 식욕을 억제하는 효과도 있어서 편식을 유도하고, 때론 아침밥을 거부하는 상황을 만들기도 한다.

흔히 카페인 식품이라고 하면 커피를 떠올리겠지만, 의외로 아이가 자주 먹는 식품에도 카페인이 들어 있다. 카페인이 몸밖으로 배출되는 네에는 보통 3~4일이 걸리는데, 성인보다 분해 속도가 느린 아이가 하루 기준량 이상의 카페인을 꾸준히 섭취할 경우 체내에 축적되어 중독될 수 있으므로 주의해야 한다.

일반적으로 에너지드링크나 콜라 등에는 카페인 함량이 표기되어 있지만 유아와 아동이 먹는 군것질, 간식 등에는 생략된 경우가 많다. 따라서 카페인 식품이 무엇인지 미리 알아두는 것이 좋다. 다음 식품들은 먹을 때 특히 신경을 쓰도록 하자.

콜라

콜라는 열대지방에서 재배되는 콜라두를 가공 처리한 후 여러 가지 향신료를 첨가해 만든다고 알려져 있는데, 이 콜라두에 카페인이 들어 있다. 콜라 한 캔(350ml)에 40~60mg가량 카페인이 들어 있다. 콜라에는 카페인뿐 아니라 액상과당도 잔뜩 들어 있다.

초콜릿·사탕·과자

초콜릿이나 코코아에는 '테오브로민'이라는 물질이 상당량 들어 있다. 테오브로민은 카페인만큼 강하지는 않지만 뇌를 흥분시킨다. 또한 이뇨작용, 근육이완작용, 심장박동 등을 촉진하고, 혈관을 확장하는 물질로 알려져 있다. 개나 고양이에게는 알레르기 반응을 일으키는 물질이기 때문에 모르고 초콜릿을 주었다가는 낭패를 볼 수 있다.

초콜릿에는 소량이지만 카페인도 함유되어 있다. 초콜릿을 만드는 주재료인 카카오에 들어 있는데, 이 때문에 다크초콜릿에 가까울수록 카페인 함량이 높다. 초콜릿 맛이 첨가된 우유나 빵, 과자 등에도 당연히 소량의 카페인이 들어 있다. 5세 어린이가 하루에 초콜릿 한 개, 코코아 한 잔, 녹차 아이스크림 한 개를 먹는다면 기준량을 훌쩍 넘기게 된다.

설탕과 흥분제가 다량 함유된 초콜릿은 위험한 중독성 식품이다. 초콜릿을 쉽게 사주거나 집 안에 쌓아두는 일은 하지 말아야 한다. 초콜릿은 특별한 날에만 먹는 식품으로 제한하거나 가능한 한 섭취를 줄이도록 하자. 일주일에 한 번 정도라면 괜찮다. 또한 유아에게 커다란 막대사탕을 사주는 일도 삼가야 한다.

에너지 드링크

전 세계적으로 에너지 드링크 판매액은 매년 급격히 증가하고 있다. 주요 소비층은 청소년과 젊은 세대다. 청소년들은 '힘이 난다', '공부가 잘 된다', '피로가 싹 풀린다'는 이유로 에너지 드링크를 마시는데, 지속적으로 섭취하면 여러 부작용이 나타날 수 있다.

청소년의 하루 카페인 섭취허용량은 125mg 정도로, 에너지 드링크를 습관처럼 마시다 보면 허용 기준을 금세 초과하게 된다. 더욱이

에너지 드링크는 커피처럼 카페인 부작용을 경감시킬 자연 성분이 없고, 각종 첨가물과 당분이 지나치게 많다는 점에서 더 해롭다.

커피·차

커피에는 카페인, 테오브로민, 테오필린 이렇게 세 가지 흥분성 물질이 들어 있다. 뇌를 흥분시키는 강도는 카페인이 가장 강하고, 테오브로민은 카페인과 비슷한 흥분작용을 하지만 커피에 들어 있는 양이 매우 적다. 테오필린은 정상적인 수면을 방해한다. 일반적으로 디카페인 커피는 카페인이 없으니 많이 마셔도 괜찮을 거라고 생각하는데, 카페인은 적더라도 테오브로민, 테오필린 등의 흥분성 물질이

도표 3-2 ··· 음료에 함유된 카페인 함량(저자 자체조사)	
커피	100
디카페인 커피	0.3
레드불	62.5
콜라	40~60
우롱차	30
녹차	30
홍차	90
밀크초콜릿	18
다크초콜릿	66

· 커피와 차는 150ml 잔, 레드불은 250ml 캔, 콜라는 350ml 캔, 초콜릿은 100g 기준

함유되어 있다는 걸 알아야 한다.

차는 그나마 커피보다 카페인 함량이 적다. 그렇지만 진한 녹차에는 연한 커피와 비슷한 정도의 카페인이 들어 있으므로 안심하기는 이르다. 차에는 카페인 외에 폴리페놀의 일종인 탄닌이 함유되어 있는데 탄닌은 철과 아연의 흡수를 방해한다.

아이에게 따뜻한 차를 주고 싶다면 카페인이나 설탕이 없는 허브차를 준비하자. 또 커피나 초콜릿을 과도하게 좋아한다면 대체 음료를 찾도록 한다. 처음에는 두통과 같은 금단증상을 호소할지 모르지만 그런 증상은 2~3일이 지나면 곧 호전된다.

트랜스지방산을 먹으면 기억력이 저하된다

고지방식이나 고콜레스테롤식이 학습장애나 기억장애를 유발한다는 사실은 많은 연구를 통해 밝혀졌는데, 그중에서도 뇌에 가장 최악인 것이 **트랜스지방산**이다.

트랜스지방산은 상온에서 액체 상태인 식물성 기름에 '수소'를 첨가해 고체로 만드는 과정에서 생기는 부산물이다. 고체 상태의 기름은 저장이나 운반이 편리하기 때문에 팝콘이나 튀김, 과자류를 비롯해 많은 식품에 매우 광범위하게 사용된다. 그렇다면 트랜스지방산이 왜 뇌에 나쁘다는 것일까?

팝콘이나 튀김 등의 음식으로 섭취한 트랜스지방산은 뇌로 운반되어 신경세포막의 작용을 방해한다. 쉽게 말하면, **뇌의 사고과정을 혼란에 빠뜨린다.** 뇌의 관점에서 보면 트랜스지방산은 '비정상적인 지방산'이기 때문이다. 이외에도 트랜스지방산은 건강에 해롭다는 LDL(저밀도 지방단백질) 콜레스테롤을 늘리는 작용을 하기 때문에 많은 양을 지속적으로 섭취하면 비만, 동맥경화, 심혈관질환, 배란장애 등이 생길 위험성이 높다.

트랜스지방산이 뇌에 미치는 영향을 연구한 동물실험 결과가 있다. 사우스캐롤라이나의과대학교의 앤 그랜홈 교수는 쥐를 이용한 미로실험을 통해 트랜스지방산이 뇌에 손상을 입힌다는 연구결과를 발표했다.[16] 또 인간의 60세에 해당하는 쥐들을 두 그룹으로 나누어 한쪽에는 트랜스지방산과 콜레스테롤(총 섭취 칼로리 중 트랜스지방산 10%, 콜레스테롤 2%)을, 다른 쪽에는 콩기름(총 섭취 칼로리 중 12%)을 먹인 다음 물 위에 떠 있는 숨겨진 대피장소를 발견하는 데까지 걸린 시간을 비교했다. 그 결과 트랜스지방산을 먹은 쥐들이 콩기름을 먹은 쥐들보다 대피장소를 찾는 데 5배나 더 걸린 것으로 나타났다.

쥐가 아닌 인간의 뇌에는 트랜스지방산이 어떤 영향을 미칠까?

이에 대해서는 2015년 캘리포니아대학교의 비어트리스 골롬 교수가 연구결과를 발표했다.[17]

골롬 교수는 45세 이하의 남성과 여성 1,018명에게 식사 내용에 대한 설문조사를 한 후 단어 테스트로 기억력을 검사했다. 남성이 기억한 단어는 평균 86개였는데, 그들이 기억한 단어 수는 하루에 섭취한 트랜스지방산이 1g 늘어날 때마다 0.76개씩 줄어들었다. 최종적으로 트랜스지방산을 많이 섭취한 사람은 전혀 섭취하지 않은 사람에 비해 기억하는 단어가 12개나 적었다. 골롬 교수는 "트랜스지방산은 가장 생산적인 시기에 있는 남성의 기억력을 크게 저하시킬 수 있는 요인이 된다"라고 말했다.

트랜스지방산 섭취가 동물의 감정과 행동에 악영향을 미친다는 사실이 확인된 적은 많지만, 사람의 인지력과 기억력에 미치는 영향을 연구해 증명한 것은 이것이 처음이었다. 골롬 교수는 주의를 촉구하며 다음과 같이 말했다.

"트랜스지방산은 식품의 보존수명을 늘리지만 사람의 수명은 감소시킨다."

매일 먹는 음식 속 트랜스지방산

트랜스지방산이 많이 함유된 식품은 **마가린, 쇼트닝, 마요네즈, 케이크, 크루아상, 쿠키, 비스킷, 샐러드 드레싱소스(올리브유 제외), 튀김, 치킨, 팝콘, 슈크림** 등이다. 일상적으로 먹는 음식에 흔하게 사용되기 때문에 가려내기가 어려울 정도다. 일단, 바삭하고 고소한 맛이 나는 음식에는 트랜스지방산이 들어 있다고 생각하면 된다.

패스트푸드에도 트랜스지방산이 많이 들어 있다. 트랜스지방산을 줄인 대신 포화지방을 늘린 패스트푸드도 비일비재하다. 세계보건기구에서는 하루에 섭취하는 총 칼로리 중 트랜스지방산 칼로리가 1%를 넘지 않도록 권고하는데, 패스트푸드점에서 습관처럼 먹는 감자튀김 한 봉지면 1일 허용치보다 2배 이상 섭취하는 셈이 된다.

미국 식품업계는 그간 소비자의 동향에 민감하게 대응해왔다. 미국 맥도날드는 트랜스지방산이 문제가 되자 트랜스지방산을 전혀 함유하지 않은 튀김용 기름으로 교체해나갈 것을 발표하고, 2007년부터 이를 실행하고 있다. 식료품, 커피, 과자를 생산하는 유명 식품회사 크래프트푸드도 트랜스지방산이 들어 있지 않은 '오레오' 비스킷을 생산하고, 펩시코도 트랜스지방산을 함유하지 않은 '도리토스' 옥수수칩을 생산하기 시작했다. 미국 정부는 2006년 1월부터 모든 가공식품에 트랜스지방산 함유량 표기를 의무화했다.[18]

반면, 일본 정부는 '일본인의 트랜스지방산 평균섭취량이 비교적 적다'며 트랜스지방산 함유 여부와 양에 대한 표시를 의무화하지 않고 있다. 일본 식품에는 트랜스지방산이 '슬그머니' 들어 있다고 보면 된다(한국에서는 식품의약품안전청에서 2007년 12월부터 '식품 등 표시 기준'을 개정하여 지방을 포화지방과 트랜스지방으로 세분화해 표기하도록 의무화하고 있다_옮긴이주).

나는 건강과 직결되는 식품 정보는 무조건 소비자에게 알려야 한다고 생각한다. 트랜스지방산 함유량이 많다 적다를 판단하는 주체는 소비자이지 정부나 식품회사가 아니다. 그런 점에서 나와 가족의 건강을 위해 트랜스지방산을 함유한 식품을 먹지 않겠다, 사지 않겠다는 마음을 먹어야 한다.

더불어 트랜지방산을 줄이는 식생활을 실천해야 한다. 식물성 기름을 여러 번 사용하는 것도 트랜스지방산을 늘리는 요인이 된다. 열을 가하고 식히고 다시 열을 가하면 트랜스지방산과 유사한 화학적 변화가 일어나기 때문이다. 따라서 구이나 부침 등의 요리를 할 때 2회 이상 사용한 식용유는 먹지 않는다.

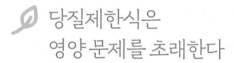

당질제한식은
영양 문제를 초래한다

일본에서는 '당질제한식' 또는 '저탄수화물식' 열풍이 계속되고 있다. 뱃살을 줄이려는 성인은 물론이고, 성장기 아이에게도 당질제한이 필요하다고 권유한다.

당질제한식은 1972년에 로버트 앳킨스 박사가 고안한 '앳킨스 다이어트'가 확산된 것이다. 우리가 보통 하루에 2,000칼로리를 섭취한다고 했을 때 200~300g 섭취하던 당질의 양을 20~100g으로 확 줄인 식이를 가리킨다. 당질을 줄이는 대신 지방을 풍부하게 섭취해 에너지원으로 사용한다.

당질제한식을 지지하는 사람들은 당질 섭취를 극단적으로 줄이기 때문에 혈당이 오르지 않고 인슐린도 많이 분비되지 않아 살찌지 않는다고 주장한다. 일정 부분 맞는 말이긴 하지만, 장기적인 자료가 거의 존재하지 않아서 주장의 타당성을 완전히 수긍하기는 어렵다.

이 다이어트 방법을 아이에게 적용하는 건 괜찮을까?

당질제한식은 과자, 케이크, 콜라 등을 제한할 뿐만 아니라 주식이 되는 곡물과 당질이 있는 과일, 채소도 섭취하지 않는 방법이다. 성장기 아이에게 이러한 탄수화물까지 너무 제한하면 영양상 문제가 생긴다. 경우에 따라 두통, 근육통, 설사, 무기력, 우울감, 변비 등 부작용이 따를 수 있다.

스탠포드대학교 의학부의 크리스토퍼 가드너 교수는 대중적으로 잘 알려진 다이어트를 8주간 계속했을 때 비타민, 미네랄, 식이섬유의 섭취 상황이 어떻게 달라지는지 조사해 발표했다. 앳킨스 다이어트(당질제한식, 당질 17%), 존 다이어트(주요 영양소 균등식, 당질 42%), 런 다이어트(칼로리 제한, 균형식, 당질 49%), 오니시 다이어트(저지방식, 당질 63%)가 그 대상이었다.

그 결과, 예상했던 대로 앳킨스 다이어트(당질 17%)를 계속하면 비타민, 미네랄, 식이섬유가 부족해졌다. 앳킨스 다이어트를 시작한 지 8주가 되자 체내 필수영양소가 최저치에도 이르지 못한 사람이 많았다. 비타민B1은 최소 필요량의 53%, 엽산은 48%, 비타민C는 28%,

철분은 30%, 마그네슘은 32%에 불과해 영양 상태에 문제가 많았다.

비타민과 미네랄이 부족하면 효소가 제대로 기능하지 못하기 때문에 우리 몸의 화학반응이 원활하게 진행되지 못하고 에너지가 부족해진다. 뇌와 몸의 에너지가 부족하면 갖가지 건강문제가 발생한다. 아이라면 성장 불량이 될 수 있다.

게다가 식이섬유도 크게 부족했는데 채소와 과일 섭취가 적었기 때문에 발생한 당연한 결과다. 앳킨스 다이어트의 경우 하루에 섭취하는 식이섬유가 11g인데, 이 수치는 당질 섭취량이 가장 많은 오니시 다이어트(당질63%)의 절반에 불과하다. 당질제한식을 계속하면 변비가 생긴다는 점도 이를 뒷받침한다.

식이섬유에 풍부한 단쇄지방산은 면역력 향상에도 기여하는데, 더 중요한 기능은 '면역조절'이다. 면역조절이란 면역반응을 조절하는 일로서, 알레르기나 자가면역 증상을 완화시키는 것을 말한다. 아토피나 중이염 등 아이들에게 잘 생기는 대표적인 염증성질환도 단쇄지방산에 의해 면역반응이 억제되면 호전될 수 있다. 아이에게 식이섬유를 꼭 먹여야 하는 이유다.

뇌의 주 에너지원은 포도당이다. 아이 두뇌를 건강하게 발달시키기 위해 포도당 공급원인 당질을 섭취하는 식사는 꼭 필요하다. 포도당은 우리가 살아가는 데 꼭 필요한 물질이다. 중요한 것은 당질 제한이 아니라 '설탕 제한'이다. 뇌가 좋아하는 탄수화물을 극단적으로 줄이는 식사는 좋은 식사일 리 없다.

🖋 양식 연어가
위험한 이유

두뇌 발달에 꼭 필요한 영양소인 DHA는 등푸른생선, 특히 연어에 풍부하다. 그래서 마트에서 쉽게 살 수 있는 연어를 자주 식탁에 올리라고 말하고 싶지만, 여기에는 함정이 있다.

건강에 좋은 깃은 자연산 연어이지 양식 연이가 아니다. 양식 연어는 오히려 정크푸드에 가깝고 먹어서는 안 되는 음식이다.[20] 식품검사를 한 결과, 오늘날 양식 연어는 세계에서 가장 해로운 식품 중 하나라는 사실이 밝혀졌다. 그렇다면 도대체 양식 연어의 무엇이 문제일까?

2004년 1월 인디애나대학교의 한 과학자가 세계에서 유통되는 양식 연어를 검사했더니 13가지의 '잔류성 유기오염물질'이 발견되었다고 한다. 게다가 폴리염화바이페닐PCB 농도가 자연산 연어의 8배나 달해서 이 사실을 〈사이언스〉 지에 발표했다.[21] 그는 양식 아틀란틱 연어(한국에서 흔히 먹는 노르웨이산 양식 연어를 말함_편집자주)를 먹는 것은 건강상 이익보다 위험요소가 더 높다고 밝혔다.

폴리염화바이페닐이 인체에 유해하다는 사실은 잘 알려져 있다. 생물체 내에서 농축 현상을 나타내는 대표적인 환경오염물질로 동물실험을 통해 여러 암을 유발하는 것으로 나타났다. 뿐만 아니라 간독성, 면역독성과 발적, 두통을 포함한 다양한 중독 증상을 나타내며,

어린이에게선 인지기능의 저하가 관찰되기도 했다. 국제암연구기관과 미국환경보호청은 폴리염화바이페닐을 '발암성물질'로 분류하고 있다.

노르웨이 베르겐대학교의 독물학자 제롬 루진 박사는 노르웨이에서 판매되는 식품에 함유된 독성물질을 검사한 결과, 양식 연어에 함유된 폴리염화바이페닐과 다이옥신의 양이 다른 식품보다 5배나 많았다고 밝혔다. 이후 루진 박사는 양식 연어의 위험성을 알고 이를 먹지 않는다고 한다.

양식 연어 대 자연산 연어

양식 연어에는 또 다른 문제점이 있다. 이것은 자연산 연어와 양식 연어의 영양성분을 비교해보면 알 수 있다.

먼저 자연산 연어는 지방이 5~7%인 데 반해, 양식 연어는 지방이 14.5~34%에 달한다. 양식 연어가 자연산 연어보다 지방이 3~5배 많은 것이다. 왜 그럴까? 양식 연어에 지방이 많은 까닭은 특별히 가공된 고지방 먹이를 먹고 자라기 때문이다. 지방의 양만이 아니라 질에도 문제가 있다. 자연산 연어에는 염증을 억제하는 오메가-3 지방산이 풍부하다. 반면, 양식 연어에는 염증을 촉진하는 오메가-6 지방산이 자연산 연어보다 훨씬 더 많다.

오메가-6 지방산이 많은 이유도 확연하다. 양식 연어의 먹이는 생선기름, 생선가루, 콩가루, 카놀라유, 해바라기씨유, 옥수수글루텐, 밀글루텐, 팜유, 땅콩기름 등으로 모두 오메가-6 지방산이 풍부한 식품이다. 자연산 연어는 바다에서 결코 먹을 수 없는 것들이다.

양식 연어는 오메가-3 지방산과 오메가-6 지방산의 비율이 치우쳐 있다.[22] 예를 들어 자연산 아틀란틱 연어의 절반(198g)은 3,996mg의 오메가-3 지방산과 341mg의 오메가-6 지방산을 함유하고 있다.[23]

이에 반해 양식 아틀란틱 연어는 4,961mg의 오메가-3 지방산과 1,944mg의 오메가-6 지방산을 함유하고 있다.[24] 양식 연어의 오메가-6 함유량이 자연산 연어의 5.7배나 되는 셈이다. 우리 몸에는 오메가-3 지방산과 오메가-6 지방산 둘 다 필요하지만 이상적인 비율은 1:1이다. 결과적으로 양식 연어를 자주 먹는 것은 오메가-6 지방산을 과다 섭취하게 만들어 영양 불균형을 조장한다.

오메가-3 지방산이 건강에 좋은 물질로 알려지면서 연어도 덩달아 큰 인기를 누리고 있다. 하지만 정확히 말해 건강에 좋은 것은 자연산 연어이지 양식 연어가 아니다.

좋은 연어를 고르는 법

양식 연어는 기름기가 많아 부드럽고 맛있지만 불필요한 지방도 많이 섭취하게 된다. 따라서 먹더라도 '가끔, 적당히' 먹을 것을 권한다. 연어를 먹는다면 되도록 국내에 서식하는 자연산 연어, 그게 아니면 국외 자연산 훈제연어를 먹기 바란다.

자연산 훈제연어에 고농도의 수은이나 기타 독성물질이 함유되어 있을 위험성은 낮다. 연어의 수명은 3년으로 짧기 때문에 생물농축(유기오염물을 비롯한 중금속 등이 물이나 먹이를 통해 생물 체내로 유입된 후 분해되지 않고 잔류되는 현상. 이러한 유해물질들이 먹이사슬을 통해 전달되면서 농도가 점점 높아진다_옮긴이주)에 의한 독성물질의 축적은 낮다고 볼 수 있다. 알래스카 연어('아틀란틱 연어'와 혼동하지 말 것)는 양식이 금지되어 있기 때문에 자연산밖에 없다.

자연산 연어와 양식 연어를 구별하는 방법을 소개하자면, 자연산 연어는 속살이 선홍빛에 날씬하며 몸 중간에 보이는 흰색 지방층 표시가 좁다. 흐르는 물과 싸우며 먹이를 찾기 때문에 근육이 발달해 살코기를 만지면 단단하다.

반면, 속살이 옅은 분홍색에 지방층이 넓다면 그 연어는 대개 양식이다. 간혹 양식 연어 중에 유난히 살색이 붉고 선명한 제품이 있는데, 맛있고 신선해 보이지만 오히려 주의해야 한다. 양식업자들이 석유에서 추출한 발색제인 합성 아스타잔틴을 사료에 섞어 자연산과 유사한 색을 띠도록 유도했을 가능성이 있다.

양식 연어 속 오염물질이 부담스럽다면 정어리, 꽁치 등 수명이 짧고 작은 등푸른생선을 먹자. 일반적으로 오염물질 축적량은 먹이사슬에서 낮은 단계에 있을수록 적다. 청어, 오징어도 추천한다.

끝으로 발트해 산 물고기는 심각하게 오염되어 있기 때문에 피해
야 한다. 덴마크, 스웨덴, 러시아에서 수입되는 양식 연어도 특별히
주의가 필요하다.

- 설탕 범벅인 '나쁜 탄수화물'을 많이 먹으면 아이는 산만해지고 지능도 낮아진다.
- 청량음료는 되도록 마시지 않게 하고 시판용 과일주스도 물로 희석해서 먹이는 것이 좋다.
- 설탕 대신 사용되는 액상과당은 과식을 초래한다.
- 타트라진(황색4호)을 비롯한 합성착색료는 과잉행동을 유발한다.
- 커피를 마시고 기분이 좋아지는 것은 카페인 금단증상이 해소되기 때문이다. 아이가 커피를 마시면 성적에 부정적인 영향을 끼친다.
- 초콜릿은 위험한 중독성 식품으로, 먹는다면 일주일에 한 번 정도가 적당하다.
- 튀김 등에 많은 트랜스지방산은 기억력과 사고력을 떨어뜨린다.
- 당질제한식은 비타민과 미네랄, 식이섬유가 부족해질 수 있기 때문에 유의해야 한다.
- 건강에 좋은 것은 자연산 연어이지 양식 연어가 아니다. 양식 연어에는 몸에 해로운 오염물질과 오메가-6 지방산이 많다.

아이 두뇌의 힘을 키우는 식사

두뇌에 좋은 음식의 예

● 필수지방산인 오메가-3 지방산(알파-리놀렌산, EPA, DHA)은 뇌를 유연하게 만들어 학습력과 기억력을 좋게 한다.

오메가-3 지방산이 풍부하게 들어 있는 주요 식품

고등어, 꽁치, 전갱이, 시금치, 호두, 견과류

정어리	꽁치	시금치

● 뇌 신경세포막을 만드는 인지질은 아이의 지능을 한층 더 높인다.

인지질이 풍부하게 들어 있는 주요 식품

달걀, 콩, 내장요리,어패류

달걀	콩	내장

● 단백질을 분해해서 생기는 아미노산의 일부는 뇌 속 신경전달물질로 전환된다. 신경전달물질이 잘 만들어져야 행복하고 긍정적인 아이로 자랄 수 있다.

양질의 단백질이 많이 들어 있는 주요 식품

육류, 닭고기, 달걀, 콩, 두부, 아몬드, 옥수수		

육류	두부	옥수수

● 뇌는 포도당을 주 에너지원으로 쓴다. 좋은 탄수화물을 먹으면 집중력이 향상되고 아이의 마음이 편안해진다.

좋은 탄수화물 식품

버섯류, 콩, 현미, 통호밀빵, 사과, 오렌지, 해조류		

버섯류	사과	오렌지

═══ 두뇌에 나쁜 음식의 예 ═══

● 아이의 두뇌력을 높이기 위해 제일 먼저 할 일은 혈당을 급격하게 높이는 나쁜 탄수화물을 아이로부터 멀리 떼어놓는 일이다.

나쁜 탄수화물 식품

단 음료, 콜라, 케이크, 과자, 빵, 아이스크림, 초콜릿		
케이크	슈크림	초콜릿

PART 4

아이에게
약을 먹여도
괜찮을까

미국이나 유럽에서는 감기 때문에 병원에 가는 사람이
드물뿐더러 감기 증상에 항생제를 처방하지 않는다.
항생제는 세균의 증식을 억제하거나 죽이는 약일 뿐
바이러스에는 효과가 없기 때문이다.
항생제가 감기 바이러스를 죽이지 못하는데도
왜 일부 병원에서는 계속 처방하는 걸까?
항생제가 바이러스에 효과 없다는 사실을
의사가 몰라서일까?

🌿 열이 나면 꼭 해열제를 먹여야 할까

아이가 열이 나면 부모는 걱정이 된다. 한시라도 빨리 회복시키고 싶은 마음이 앞선다. 그래서 많은 부모가 아이의 열을 내리려고 병원에 데려가서 약을 처방받아 먹인다. 그런데 이것이 진정 아이를 위하는 일일까?

먼저 열이 날 때 우리 몸에서는 무슨 일이 벌어지는지, 열은 어떤 효과를 내는지 알아보자.

- 병원체의 증식 속도를 낮춘다.
- 면역세포인 백혈구의 증식 속도를 높인다.
- 체내 화학반응 속도가 빨라져 면역계가 병원체와 싸우는 능력이 높아진다.
- 체내에서 인터페론이라는 물질을 만들어 바이러스를 죽인다.
- 푹 쉬게 한다.

요약한 것과 같이, 우리 몸에서 열이 나는 것은 침입자인 병원체의 증식을 억제하여 수를 줄임과 동시에 아군인 면역세포를 늘리고 인터페론Interferon(바이러스에 감염된 동물 세포가 생성하는 당단백질)을 만들어서 병원체와 싸우고 있다는 뜻이다. 또한 발열의 중요한 효과는 '푹 쉬라'는 신호를 주는 데 있다.

아이뿐 아니라 모든 사람의 주위에는 병원체가 많다. 그럼에도 우리가 쉽사리 병에 걸리지 않는 이유는 면역계가 이들 병원체와 싸워 이기기 때문이다. 하지만 피로가 쌓여 면역계가 약해지면 병에 걸리게 된다. 대표적인 질환이 감기나 인플루엔자(독감)이다. 감기에 걸렸는데도 쉬지 않고 무리하게 활동하는 사람들이 있는데, 이는 결코 칭찬받을 만한 행동이 아니다. 오히려 위험한 행동임을 깨달아야 한다. 그러다 피로가 쌓이면 증세가 악화될 가능성이 있다.

발열은 몸이 위험한 상태라는 걸 알려주는 중요한 신호다. 이를 무시해서는 안 된다. 열이 나면 일단 쉬어야 한다. 그래야 병원체와 싸울 충분한 체력이 회복되어 빨리 나을 수 있다.

발열이 감염증과 싸우기 위한 몸의 중요한 방어기능이라는 사실이 널리 알려지게 되면서 미국이나 유럽 각국의 임상현장에서는 치료 방법에 변화가 생겼다. 미국 〈뉴욕 타임스〉에서 건강 기사를 담당하는 칼럼니스트 제인 브로디가 쓴 글에 이런 내용이 있다.[1]

'소아과를 비롯한 많은 진료과 의사는 환자가 심각한 고열이 아닌 이상 해열제 복용을 권장하지 않는다. 병을 빨리 치료하기 위해서다.'

건강을 지키는 핵심은 열을 낮추지 않는 것이다. 발열이 건강에 유익하다는 점은 2,000여 년 전부터 전해져 내려오는 사실이다. 역사적으로 많은 암환자와 결핵환자가 '발열요법'으로 치료를 받고 회복했다.[2]

그런데 1897년 아스피린 합성 성공을 계기로 아스피린과 기타 물질들이 열을 빠르게 내리는 효과가 있다는 사실이 알려지면서 발열에 대한 의학적인 견해가 극적으로 달라졌다. 제약회사는 서양의학을 신봉하는 의사와 일반 대중에게 빨리 열을 내리지 않으면 안 된다고 과감한 홍보활동을 펼쳐 많은 사람을 설득하는 데 성공했다. 그러한 홍보활동은 의도를 갖고 특정 방향으로 대중을 이끌고 가는 프로파간다와 다름없다. 그들은 열을 내리기 위해 아스피린 복용뿐 아니라 냉탕에 들어가거나 몸을 알코올로 닦는 등 과격한 방법까지 부추겼다.

이야기를 되돌려보자. 해열제는 감기나 인플루엔자의 원인인 바이러스를 물리치는 능력이 없다. 해열제는 원리적으로 바이러스에 효과가 없다. 인위적인 해열은 바이러스 증식을 돕고 몸의 자연적인 방어기제를 억누르는 행위다.

과거에는 감염으로 열이 났을 때 아세트아미노펜이나 이부프로펜으로 대표되는 해열제를 당연히 환자에게 주었지만, 발열의 이점이 밝혀진 현재 서구의 많은 의사는 일부러 열을 내리지 않고 그대로 두는 방법을 택하고 있다. 열을 내리는 치료가 오히려 병의 회복을 늦춘다는 사실이 판명되었기 때문이다.

물론 예외도 있다. 매우 드물지만 40도를 넘는 열이 6시간 이상 계속되거나 생후 4개월 미만인 아기가 열이 날 때는 절대 그대로 두어서는 안 된다.

열이 나는 것은 우리 몸이 병원체를 물리치려고 필사적으로 싸우고 있다는 증거다. 발열은 당장 해결해야 할 큰 문제가 아니라 몸을 지키는 방어반응으로 이해하는 것이 좋다. 무조건 열을 낮추려는 행위는 오히려 회복을 더디게 할 수도 있다.

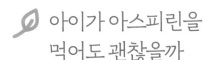 아이가 아스피린을 먹어도 괜찮을까

체온이 40도를 넘어가거나 열이 나면 증상이 악화되는 병을 앓고 있는 경우에는 꼭 해열제를 사용해야 한다. 고열을 내리지 않으면 신진대사 속도가 크게 상승하여 심박동이 빨라지고 급격한 수분 손실이 발생하기 때문이다. 또한 체내 이온인 나트륨, 칼륨, 칼슘, 마그네슘과 같은 전해질도 수분과 함께 손실된다. 전해질 농도가 낮으면 뇌와 심장에서 정보 전달이 이뤄지지 않는다. 아이는 경련이 일어날 위험성이 커진다.

일반적으로 심장질환이 있는 사람, 체액이나 전해질 균형에 문제가 있는 사람, 그리고 고열이 아이의 병을 위험하게 만들 때는 해열을 위해 '아세트아미노펜'을 복용하는 경우가 많다.[3] 아세트아미노펜은 일반 해열진통제로 아스피린보다는 약하다.

같은 해열제라도 아스피린 복용에는 매우 신중을 기해야 한다. 특히 15세 미만의 어린이나 인플루엔자와 수두로 인한 발열에는 사용하지 않도록 한다. 아스피린이 라이증후군을 유발할 가능성이 있기 때문이다. 라이증후군은 인플루엔자나 수두에 걸린 아이(주로 15세 미만)가 열이 났을 때 아스피린을 먹고 드물게 구토, 의식불명, 경련(급성 뇌부종), 간 장애 등이 발생해 생명이 위험해지는 질병을 말한다.

1986년에 미국 식품의약국FDA은 해열을 목적으로 아이가 아스피린을 복용하는 일을 금하도록 경고했다. 그러자 1980년에 555명이었던 라이증후군 환자가 1994년에는 2명으로 급감했다. 일본에서도 1998년부터 15세 미만 아이에게 아스피린을 복용하지 않도록 규제한 결과 라이증후군 환자 발생이 연 100~300명으로 약간 감소했다. 미국만큼 극적인 효과가 나타나지 않은 이유는 아스피린보다 강한 해열제인 디클로페낙(상품명 볼타렌)이나 메페남산(상품명 폰탈)을 병행해 사용하기 때문인 것으로 추측된다.

그런가 하면 일본에서는 1990년경부터 인플루엔자가 유행할 때 뇌염이나 뇌증 환자가 많이 발생하고 있다. 이를 '인플루엔자 뇌증'이라 부른다. 반면, 서구에서는 인플루엔자 시즌 중에 뇌염이나 뇌증 환자가 많이 발생하지 않는다. 발병 시기가 비슷해서 인플루엔자 뇌증은 인플루엔자 바이러스가 원인이라고 생각하기 쉬운데, 환자의 뇌에서 인플루엔자 바이러스가 검출된 적은 없다고 한다. 이것은 무엇을 의미할까?

추측하건대, 인플루엔자 뇌증은 발열로 나타나는 몸의 방어기제를 디클로페낙이나 메페남산과 같은 강력한 해열제로 무리하게 억제하는 데에 대한 반동으로 유발되었을 가능성이 크다. 한마디로 해열제 부작용을 의심해볼 수 있다.

아이에게는 아스피린, 디클로페낙, 메페남산, 이부프로펜, 록소프로펜, 인도메타신과 같은 비스테로이드성 소염진통제NSAIDs를 임의로 먹이지 않도록 유의해야 한다.

🌿 감기에 항생제를 먹여도 괜찮을까

감기는 바이러스에 의해 생기는 상부 호흡기계 감염 증상으로, 사람에게 나타나는 가장 흔한 급성 질환 중 하나다. 바이러스가 코나 목으로 감염되어 발생하기 때문에 증상도 재채기, 콧물, 코막힘, 목 통증으로 시작해 미열, 두통, 몸살이 더해진다. 보통 4~5일 정도 푹 쉬면 회복된다.

감기를 유발하는 바이러스의 종류는 100가지가 넘는다. 리노 바이러스, 코로나 바이러스, 아데노 바이러스, 인플루엔자 바이러스 등으로 모두 성질이 온순하다. 감기는 다양한 바이러스가 원인이 되어 발생하지만 증상이 대체로 비슷하기 때문에 한데 묶어서 '감기' 또는 '감기증후군'이라고 부른다.

일본에서는 감기에 걸리면 병원에 가는 사람이 많고, 병원에선 치료제로 항생제가 심심치 않게 처방된다. 반면 미국이나 유럽에서는 감기 때문에 병원에 가는 사람이 드물뿐더러, 의사도 감기 증상에 항생제를 처방하지 않는다. 항생제는 세균의 증식을 억제하거나 죽이는 약일 뿐 바이러스에는 효과가 없기 때문이다.

항생제가 감기 바이러스를 죽이지 못하는데도 왜 일본에서는 계속 처방하는 걸까? 항생제가 바이러스에 효과 없다는 사실을 의사가 몰라서일까? 아니면 환자가 항생제 처방을 강하게 원해서일까?

감기에 걸렸을 때 항생제가 처방되어야 하는 경우는 대개 합병증이 의심될 때나 합병증을 예방해야 할 때다. 또 감기처럼 보이지만 실제로는 세균성 호흡기질환일 때도 항생제가 처방된다. 그런데 일부 병원에서는 임상 근거 없이 너무 과하게 항생제를 처방하는 경향이 있다. 아이를 키우는 부모라면 감기에 항생제 처방이 빈번한 병원은 되도록 가지 않는 게 좋고, 항생제 처방을 요구하는 일도 삼가야 한다. 항생제를 사용한다고 해서 감기가 더 빨리 낫는 건 아니다.

그렇다면 잦은 항생제 처방은 왜 문제가 될까?

항생제를 자주 사용하다 보면 세균은 살아남기 위해 변이를 한다. 그렇게 탄생한 내성균에 감염되어 병에 걸리면 아무리 항생제를 먹어도 효과가 없다. 항생제를 써서 치료해야만 하는 감염증이 내성균 때문에 치료할 수 없는 병이 되고 만다. 낭패가 아닐 수 없다. 또 다른 문제는 항생제가 장내세균 불균형을 일으킨다는 사실이다. 유해균으로부터 우리 몸을 보호하는 유익균까지 줄어들면서 장내환경이 나빠진다.

꼭 필요한 경우가 아니라면, 감기에 걸렸을 때 쉽게 항생제를 먹으면 안 된다.

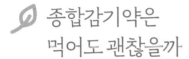

종합감기약은 먹어도 괜찮을까

미국에서는 감기나 인플루엔자 정도로 병원에 가지 않는다. 하지만 일본에서는 아무렇지 않게 의사를 찾아간다. 또 일본에서는 마스크를 쓰는 사람이 많지만, 미국에서는 이런 사람들을 찾아보기 힘들다.

사실 마스크로 감기를 막기는 어렵다. 그 이유 중 하나로 바이러스는 문손잡이를 매개로 전염된다는 사실을 들 수 있다. 감염자가 만진 문손잡이에 바이러스가 묻어 있기 때문에 그 손잡이를 비감염자가 만질 경우 바로 옮는 것이다.

일본에서 감기 증상에 자주 처방되는 약은 파이론PL 과립이라는 종합감기약인데 해열, 근육이나 목 통증을 가볍게 하는 진통 효과가 있다. 이 약은 해열진통 성분인 살리실 아미드와 아세트아미노펜, 그리고 항히스타민 성분이 들어 있는 항알레르기약이다.

그런데 여기에 문제가 있다. 최근 만성 알레르기 치료에 항알레르기약을 복용하는 아이들이 늘고 있다. 이 아이들이 파이론 과립을 먹으면 항히스타민계의 약이 체내에 다량 섭취되어 졸음, 나른함, 복통, 입 마름, 구토, 어지럼증, 착란 증상 등을 유발할 수 있다.

또 감기에 걸려서 병원에 가면 의사는 증상 억제제를 자주 처방해준다. 발열, 두통, 근육통에는 해열진통제, 콧물이나 코막힘에는 비염약, 기침에는 진해제, 가래를 없애는 데는 거담제, 심지어 기관지가 민감해지는 것을 진정시키기 위한 항알레르기약까지 처방한다. 아무리 생각해도 너무 과하다. 고작 감기가 이렇게나 많은 약으로 대응할 일인가. 감기는 4~5일 정도 잘 먹고 잘 쉬면 대부분 회복된다.

감기의 다양한 증상을 예방하고 완화하기 위해 병원에 가지 않고 약국에서 **종합감기약**을 사는 사람도 있다. 시판 중인 종합감기약에는 기침을 멈추는 약, 열을 내리는 약, 콧물을 멈추는 약, 졸음을 막는 약 등이 포함되어 있다.

아이가 기침을 한다고 바로 종합감기약을 먹이면 불필요한 약까지 과도하게 복용하는 셈이 된다. 두루 좋아지길 기대하며 아이에게 종합감기약을 먹이겠지만 득보다 실이 많다. 그럴 땐 차라리 제대로 된 처방을 받고 해당 약만 먹이는 게 낫다.

아울러 아스피린, 디클로페낙, 메페남산과 같은 비스테로이드성 소염진통제NSAIDs를 포함한 감기약도 아이가 복용하지 않도록 신경 써야 한다. 비스테로이드성 소염진통제는 미국과 일본을 비롯한 전 세계에서 흔히 복용하는 약이다. 과다 복용하면 위장장애를 일으킬 수

있다고 알려져 있는데, 최근에는 심장발작의 위험을 높인다는 사실이 확인되었다.[4]

가능한 한 비스테로이드성 소염진통제는 복용하지 않도록 하고, **필요하면 아세트아미노펜** 성분의 해열제를 사용한다.

🌿 기침약, 설사약은 필요할까

증상은 질병의 원인을 처리하는 몸의 자연적인 반응이다. 그런데 사람들은 증상을 병 자체로 잘못 이해하기도 한다. 예를 들어 상한 음식을 먹었을 때 하는 설사는 해로운 미생물을 씻어내는 이로운 반응이다. 설사 증세는 장이 비워지면 곧 회복된다.

기침 역시 몸을 지키기 위한 방어반응으로 기관지 속에 침입한 세균이나 바이러스, 가래를 몸밖으로 쫓아내는 역할을 한다. 한마디로 몸속을 깨끗하게 청소해준다. 그런데 기침할 때의 불편함을 참지 못해 약을 복용하면 배출되어야 할 것들이 방해를 받는다.

기침약(진해제)으로 흔히 사용되는 약은 **덱스트로메토르판**(상품명 메지콘)과 **코데인인산염수화물**인데 둘 다 부작용이 있다. 덱스트로메토르판은 구토, 메스꺼움, 운동실조, 착란, 흥분, 환각, 호흡곤란, 어지럼증, 아나필락시스 등이 나타날 수 있고, 코데인인산염수화물은 호흡곤란,

착란, 기관지 경련, 무력감, 장폐색, 섬망 등이 나타날 수 있다. 코데인 인산염수화물이나 디히드로코데인인산염과 같이 '코데인'을 함유한 약은 호흡곤란이 생길 수 있기 때문에 미국에서는 12세 이하 어린이 의 복용을 금지하고 있다.[5]

하지만 일본에서는 코데인 성분이 감기약과 기침약 시럽에 널리 사용되고 있다. 아이에게 기침약을 먹일 때는 약 성분을 꼼꼼히 확인 하고 각별히 주의해야 한다.

감기에 걸리면 가래도 잘 생긴다. 가래는 호흡기에 생기는 끈적끈 적한 액체로서 호흡기에 해로운 것들이 들어왔을 때 이를 내보내는 데 중요한 역할을 한다. 아이에게 가래가 생기면 안 좋다고 생각해 거 담제를 먹이는 부모가 있는데, 이는 위험한 행동이다. 가래의 주성분 은 물이며, 기침과 함께 호흡기를 물청소 하는 역할을 하므로 우리 몸 에는 유익한 것이다.

가래를 삭이는 거담제로는 **카르보시스테인**(상품명 뮤코다인)이나 **암 브록솔**(상품명 뮤코솔반)이 흔히 사용된다. 이 약들에도 부작용이 따르 는데 발진이나 가려움뿐 아니라 황달, 쇼크, 아나필락시스, 스티븐스 존슨증후군(급성 피부점막질환), 간기능 장애 등이 나타날 수 있다.

아이에게 가래가 생겼을 때는 물을 많이 마시게 하고, 가습기를 이 용해 실내 습도를 높이면 가래 배출에 도움이 된다. 또한 기침이나 숨 을 크게 쉬는 방법으로 가래 배출을 도울 수 있다.

설사는 변이 물처럼 되는 묽은 액상 상태를 말한다. 보통 장내에

바이러스나 세균 등의 병원체가 침입했을 때, 장에 다량의 물이나 지방이 쌓였을 때, 스트레스가 쌓였을 때 설사가 발생한다. 앞에서도 말했듯, 설사는 대체로 몸에 해로운 것들을 몸밖으로 배출하려는 방어 반응이다.

설사에 자주 사용되는 약은 **로페라미드**(상품명 로페민)라는 지사제다. 로페라미드는 장의 근육신경에 작용하여 장의 연동운동을 억제하고 수분 흡수를 촉진헤 설사를 멎게 한다. 설사의 원인을 치료하는 게 아니라 증상만 감소시키므로 설사가 멈추면 복용을 중단해야 한다. 증상이 심하지 않은데도 복용하거나 과다 복용하면 설사가 멎은 탓에 다량의 물이나 지방 등 원인 물질이 늦게 배출될 가능성이 있다. 특히 바이러스나 세균에 의한 감염증인 경우에는 병원체 배출이 늦어져 증상이 더 나빠지거나 회복이 더뎌질 수 있으므로 주의해야 한다. 약의 부작용으로는 장이 막혀 움직이지 못하는 장폐색이나 쇼크, 아나필락시스 등이 있다.

설사가 계속될 때 가장 우려되는 것은 탈수증상이다. 특히 영유아는 탈수가 매우 심해지면 사망할 수도 있기 때문에 각별한 주의가 필요하다. 미지근한 물을 자주 섭취하게 하거나 죽을 먹고 안정을 취하면 대개 호전된다.

🍃 아이가 타미플루를
먹어도 괜찮을까

인플루엔자(독감)의 특징은 일반 감기보다 고열(38~40도)이 나며 심한 두통이나 근육통, 또는 극도의 피로감을 동반한다. 흔히 처방되는 약은 **타미플루**(일반명은 오셀타미비르), **리렌자**(일반명은 자나미비르), **이나비르**(일반명은 라니나미비르) 등이다.

대부분의 사람들이 먹는 약을 선호해서인지 국내외 모두 타미플루가 입안에 뿌려 들이마시는 흡입식 약인 리렌자나 이나비르보다 점유율이 압도적이다. 특히 타미플루 소비량은 일본이 세계 점유율의 70% 이상을 차지한다고 하니 놀라지 않을 수 없다.[6]

그렇다면 타미플루의 효과는 어느 정도일까? 신뢰성으로 정평이 난 국제적인 의료평가기관인 '코크란'이 타미플루의 효과를 평가했다.[7]

연구결과에 따르면, 타미플루를 복용할 경우 증상발현 기간이 7일에서 6.3일로 0.7일 감소한다고 한다. 또 약을 먹었다고 해서 입원 기간이 줄어드는 것은 아니었다. 타미플루 대신 리렌자를 복용하면 증상발현 기간이 6.6일에서 6일로 0.6일 감소하는데, 회복 기간은 줄지 않았다. 결론적으로 말하면 타미플루나 리렌자가 인플루엔자에 대단한 효과는 없다는 의미다.

사실 타미플루는 인플루엔자 바이러스를 죽이는 약이 아니라 바이러스의 증식을 억제하는 약이기 때문에 극적인 효과가 없는 것은 당연하다. 오히려 불필요하게 과다 복용한 타미플루가 아이들에게 이상행동이나 돌연사와 같은 심각한 부작용을 일으킨다는 의혹이 제기되고 있다.

타미플루를 복용한다는 것은, 일주일 정도 안정을 취하면 낫는 인플루엔자 증상을 하루 단축하기 위해 아이에게 부작용의 위험 부담을 안기는 것과 같다. 타미플루를 남용한 탓에 내성 바이러스까지 출현하고 있다. 아무리 생각해도 일본 한 나라에서 전 세계 타미플루 사용량의 70% 이상을 점유하는 현상은 확실히 기이하다.

인플루엔자 현명하게 극복하는 방법

2004년 2월, 일본 기후 현에 사는 17세 남학생이 타미플루를 복용한 후 이상행동으로 사망한 사건이 있었다. 남학생은 타미플루를 복용하고 1시간 30분 후 갑자기 구토를 하더니 밖으로 뛰쳐나갔다. 당시 가족들은 잠깐 집을 비운 상태였다. 남학생은 눈 속을 달려 근처 차도의 가드레일을 넘어 국도로 들어갔다가 달려오는 대형 트럭에 치여 사망했다. 타미플루를 복용하고 3시간 30분 후에 벌어진 일이었다.

2005년 2월에는 타미플루를 복용하고 침대에서 잠을 자던 14세 남학생이 9층에서 떨어져 사망했다. 약을 먹은 지 2시간 만의 일이었다. 비슷한 시기에 3세 남자아이가 호흡정지로 사망한 일도 있었다. 오전에 타미플루 드라이시럽(물에 타서 시럽제로 만들어 복용하는 가루약_옮긴이주)을 복용하고 잘 놀았는데 오후 들어 갑자기 머리가 아프다고 울더니 호흡정지가 왔다. 구급차에 실려 병원에 도착했을 때는 이미 심폐정지 상태였다. 약을 복용한 지 약 3시간 만에 일어난 일이었다. 안타깝게도 아이는 다음 날 사망했다.

최근에도 인플루엔자 치료약을 복용한 후 이상행동을 하는 아이들이 보고되고 있다. 자료에 따르면, 일본에서 2016년에서 2017년 사이에 인플루엔자 치료약을 복용한 환자 중 뛰어내리거나 굴러 떨어지는 이상행동을 한 사례가 타미플루 38건, 리렌자 11건, 이나비르 5건으로 총 54건이 보고되었다.[8]

54건이라는 것은 어디까지나 후생노동성에 보고된 건수다. 실제 건수는 이보다 훨씬 많을 것이다. 인플루엔자 치료약을 아이에게 쉽게 복용시켜서는 안 된다는 것이 내 결론이다.

물론 치료약이 효과가 없다는 뜻은 아니다. 경우에 따라서는 약을 쓰는 것이 더 나을 때가 있다. 하지만 약이 작용하는 힘에 비례하여 몸에 해롭다. 이왕이면 약리적인 물질을 피하는 방식으로 살아가는 게 더 건강하고 현명하지 않을까. 영양가 높은 식사와 좋은 생활습관으로 면역력을 강화하고 잘 유지한다면 가능한 일이다. 아울러 인플루엔자가 유행하는 계절에는 사람이 많은 곳은 되도록 삼가며 외출후에는 반드시 손을 씻는 등 위생을 철저히 관리하면 도움이 된다.

그럼에도 불구하고 아이가 감기나 인플루엔자에 걸렸다면?

다음과 같은 방법으로 대처할 것을 권한다.

첫째, 충분히 푹 쉬게 한다.

둘째, 만약 한기가 느껴지면 두꺼운 옷이나 손난로를 이용해서 몸을 따뜻하게 한다.

셋째, 해열제를 쓰지 않는다. 꼭 약을 써야 하는 상황이라면 아세트아미노펜을 사용한다.

넷째, 가급적 항생제를 쓰지 않는다.

다섯째, 가급적 인플루엔자 치료약을 쓰지 않는다.

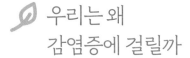

항생제

✍ 우리는 왜
감염증에 걸릴까

우리는 미생물과 함께 살고 있다. 이를 '공생'이라고 부른다. 병원균을 포함한 세균은 우리 몸의 피부, 눈, 코, 입, 목, 장, 요로, 그리고 생식기 입구에도 살고 있다. 피부 표면에는 포도구균, 아크네균 등이 살고 장에는 약 3만 종의 세균이 산다. 이처럼 우리와 공생하는 세균을 '상재균'이라고 한다.

왜 우리는 온갖 세균에 둘러싸여 있어도 병에 걸리지 않는 걸까?

우리 몸에는 다양한 방어망이 구축되어 있다. 먼저 전신을 덮는 피부가 일차적으로 병원균의 침입을 막는다. 그다음 코, 목, 위의 점막을 덮고 있는 끈적한 점액이 병원균을 붙잡는다. 강한 산성(pH 1~3)을 띠는 위액은 입으로 침입해 들어오는 병원균을 죽인다.

위액의 강한 산성에도 죽지 않는 병원균이 장으로 들어온다고 해도 이미 수많은 장내세균이 서식하고 있기 때문에 신참자인 병원균이 증식하기는 어렵다. 이와 같이 몇 겹의 방어망이 강력하게 포진한 덕분에 우리는 그렇게 간단히 감염증에 걸리지 않는다.

하지만 때로는 감염증에 걸리기도 한다. 바로 몸의 방어망이 깨졌을 때다. 피부, 눈, 코, 입, 목, 장 점막에 상처가 나면 그곳을 통해 세균이 혈액 속으로 침입한다. 우리 몸의 위기 상황이다.

몸속 위험을 알리기 위해 상처가 난 자리에서 **히스타민**이라는 물질이 분비된다. 히스타민을 감지한 면역계는 면역세포를 증식시키고, 늘어난 면역세포는 활성산소라는 독성물질을 내보내 세균을 공격한다. 하지만 이때 세균만 죽이는 것이 아니라 부득이하게 체내 조직에도 피해를 입힌다.

그래서 발열, 발적, 부종, 통증 등 이른바 '**염증**'이 생긴다. 염증이 생긴다는 것은 면역계가 우리 몸을 지키기 위해 세균과 싸우고 있다는 증거다.

면역계가 세균을 물리치면 별일 없이 끝난다. 대체로는 면역계 작용만으로 세균을 해치울 수 있다. 간혹 그렇지 못한 경우가 있는데, 바로 면역력이 약해졌을 때다. 이런 경우에는 지원군으로 항생물질이 필요하다.

예전에 항생물질은 '미생물이 만들고 다른 미생물의 성장과 증식을 방해하는 물질'로 간주되었다. 하지만 최근에는 미생물만이 아니라 화학적 합성으로 만들어진 것도 미생물의 성장과 증식을 방해하는 물질이라면 무엇이든 항생물질이라 부르게 되었다.

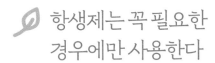
항생제는 꼭 필요한 경우에만 사용한다

기관지염이나 중이염은 가장 일반적인 소아 질병인 만큼 아이에게 항생제를 처방하는 가장 일반적인 이유가 된다. 특히 어른과 달리 아이들은 귓구멍이 좁고 각도가 달라 물이 잘 빠지지 않기 때문에 구조상 중이염이 쉽게 발생한다. 귀의 구조가 성인에 가까워지는 만 6세 이후가 되면 중이염에 잘 걸리지 않게 된다.

세균에 의한 감염증에는 항생제가 잘 든다. 거의 특효약이나 다름없다. 약효가 잘 드는 이유는 일단 세균 세포와 인간 세포가 구조와 성질이 많이 다르기 때문이다. 이 점을 이용해서 만든 항생제는 인체에 해가 없고 세균만 선택적으로 죽이는 놀라운 효과를 발휘한다. 일단 세균 세포에는 막을 싸는 벽이 있는데 인간 세포에는 없다. 또 유전자 구조도 상당히 다르며, 단백질을 합성하는 장치도 다르다. 그래서 세균 세포의 벽을 만들지 못하게 하거나 세균의 DNA 복제 및 단백질 합성을 방해하는 식으로 세균 증식을 억제한다.

특히 상처를 통해 세균 감염이 생겼거나 세균에 의해 몸에 강한 염증이 생긴 경우에는 항생제가 위력을 발휘한다. 예를 들어 편도선염, 축농증, 세균성 폐렴, 신장염, 피부의 심각한 감염질환 치료에 항생제는 매우 효과적이다.

중이염도 폐구균 등 세균에 의한 감염으로 발생하기 때문에 증상이 나타났을 때 대부분의 의사가 항생제를 처방한다. 하지만 나이, 증상의 경중을 고려하지 않은 항생제 처방은 '무조건 믿고 따르기만' 해서는 안 된다. 고열이나 이통 등 급성 증상이 없거나 사라지면 굳이 항생제를 먹일 필요가 없기 때문이다.

미국을 비롯한 유럽의 여러 국가에서 급성중이염의 경우 항생제를 사용하지 않는다는 연구결과가 보고되고 있다. 급성중이염의 90% 이상은 항생제가 불필요하며, 증상이 발생한 후 3~4일은 항생제를 투여하지 않고 관찰하도록 지침을 내리고 있다. 물론 치료기간 중 발생하는 이통과 발열에 대해서는 약물을 처방하는 대증요법을 실시한다.

항생제는 꼭 필요한 경우에만 사용해야 한다. 감기 증상에 조금 더 효과를 내기 위해서 혹은 몸에 염증이 생겼다고 무조건 항생제를 먹어서는 안 된다. 항생제의 무분별한 오남용은 더욱 강한 내성균을 만들어내고, 항생제가 필요한 감염증에 치료약을 찾지 못하게 만드는 위험한 행위가 될 수 있다.

항생제 복용 시 주의할 점

　　과거 '죽음의 병'으로 두려워했던 결핵과 폐렴도 항생제의 공헌으로 지금은 치유 가능한 병이 되었다. 하지만 세균은 필사적으로 살아남으려고 안간힘을 썼다. 세균은 스스로 유전자를 바꿔 항생물질이 존재해도 죽지 않고 증식할 수 있도록 변신했다.

　이렇게 태어난 세균이 '내성균'이다. 내성균에 감염되어도 유효한 항생물질을 찾아내 복용하면 나을 수 있다. 하지만 유효한 항생물질을 발견하지 못하면 달리 손쓸 방도가 없다. 항생제를 꼭 필요한 경우에만 사용하도록 제한해야 하는 이유가 여기에 있다.

　항생제를 사용한다면 적정한 복용량과 기간을 충분히 갖고 확실하게 병원균을 죽여야 한다. 증상이 나아졌다고 해서 복용을 멈추면 살아남은 병원균이 내성을 얻어 다시 힘을 키우게 된다. 그리고 되도록 **협역 항생물질**을 선택한다. 항생물질에는 넓은 범위의 병원균에 효과가 있는 '광역' 항생물질과 좁은 범위의 병원균에 효과가 있는 '협역' 항생물질이 있다. 광역 항생물질은 병을 유발하는 세균뿐 아니라 그 외의 무해한 세균도 함께 죽이기 때문에 내성균이 발생할 확률이 높아진다. 따라서 질병의 원인균만 죽이는 협역 항생물질을 이용하고 가급적 광역 항생물질은 피하는 것이 좋다.

항생제는 병원균을 해치우지만 동시에 병원성(병을 일으키는)이 없는 세균에도 손상을 입힌다. 즉, 피부와 장에 사는 상재균도 죽인다. 상재균이 두드러지게 줄어들면 그 자리를 다른 세균이 차지한다. 그때까지 별문제 없이 존재했던 세균들이 급격하게 세력을 키워 몸에 이상반응을 일으키기도 한다. 이를 '균교대증'이라고 한다. 예를 들어 평소 질 내에 살고 있던 칸디다와 같은 유해균은 상재균이 줄어들면 세력을 키워 칸디다질염을 일으킨다. 칸디다질염은 생식기에 극심한 가려움을 유발한다.

또 항생제를 지속적으로 복용하면 장내 유익균까지 죽이게 되어 장내환경이 나빠진다. 장내세균 종류나 수가 줄고 장내세균의 균형이 무너지면 소장 점막을 형성하는 세포를 제때 만들어내지 못하게 된다. 결국 장벽에 틈이 생기는 **장누수** 상태가 된다.

이런 이유로 항생제를 복용할 때는 유산균이나 비피두스균 같은 프로바이오틱스를 함께 먹는 편이 좋다. 이 균들은 살아서든 죽어서든 장에 도착하면 장내환경을 개선하는 데 도움을 준다.

🌱 꼭 알아야 할
항생제의 부작용

어떤 약이든 다 부작용이 존재한다. 가벼운 증상에서 심각한 증상까지 정도나 횟수가 각양각색이다. 그런데 그중에서도 특히 항생제 부작용은 피해가 큰 편이다. 흔히 볼 수 있는 부작용은 **발진, 설사, 복통**이다. 항생제 복용 후 아이에게 이러한 증상이 나타났다면 약 이름과 증상을 복약수첩에 기록해두었다가 병원에 갈 때 의사에게 반드시 알려야 한다.

항생제를 복용한 후 생기는 발진이나 피부염은 즉시 증상이 나타나기도 하지만, 대부분 1~7일 후에 발생한다. 약물 발진이 나타나면 즉시 항생제 복용을 중지해야 한다.

약이 체내에서 배출되면 발진은 사라지지만, 먹고 문제가 생긴 항생제는 두 번 다시 복용해선 안 된다. 또 항생제를 먹으면 설사가 나기 쉬운데, 그 이유는 항생제가 장내세균도 죽이고 장내환경을 악화하기 때문이다. 항생제 복용 후 설사가 나는 것은 그리 놀랄 일이 아니다.

항생제는 장내 미생물 생태계를 파괴하는 '폭탄'과 같다. 2014년 영국에서 100만 명을 대상으로 진행한 연구를 보면, 어릴 때 항생제에 노출된 사람은 그렇지 않은 사람보다 염증성 장질환 발병률이 유의하게 높았다. 소염진통제도 장 점막을 보호하는 '프로스타글란딘'이라는 물질을 분해해 염증성 장질환 위험을 높인다. 평소 장 건강이 나쁘거나 염증성 장질환에 대한 가족력이 있다면 어릴 때부터 약물, 특히 항생제 사용에 주의를 기울여야 한다.

때로는 장내환경을 지킬 목적으로 항생물질과 함께 비피두스균이나 유산균, 낙산균이 처방되기도 한다. 비피두스균이나 유산균은 위산에 약하기 때문에 공복(pH 1~2)일 때 먹으면 쉽게 죽는다. 하지만 식후에 먹으면 위장의 pH가 4~5 정도이기 때문에 유산균이 죽지 않고 장에 도달할 수 있다.

어떤 경우에는 항생제에 죽지 않는 내성 유산균(상품명 락크비R, 비오페르민)이 처방되기도 한다. 하지만 락크비R은 우유 알레르기가 있는 사람에게 아나필락시스를 일으킬 우려가 있으므로 우유 알레르기가 있는 사람은 복용하지 않도록 한다. 복통은 에리트로마이신, 퀴놀론계, 테트라사이클린계 항생제를 복용했을 때 자주 일어난다.

그나마 여기까지는 가벼운 부작용에 속한다. 흔치 않게 아나필락시스, 중증 약물 발진, 대장염 등 심각한 부작용도 발생한다.

아나필락시스Anaphylaxis 란 알레르기 반응을 일으키는 항원인 알레르겐에 접촉하자마자 순식간에 온몸에서 알레르기 증상이 나타나는 것을 가리킨다. 초기에는 가려움, 두드러기, 목이 쉼, 재채기, 호흡곤란, 두근거림이 발생하고, 심해지면 목이 붓거나 기도가 막혀 숨을 쉴 수 없게 된다. 산소가 부족해지면서 의식 혼란, 혈압 저하로 이어져 최악의 경우 사망에 이르기도 한다.

중증 약물 발진 역시 치명적인데, 대표적인 질환이 **스티븐스존슨증**

후군과 **라이엘증후군**이다. 이들은 전신에 붉은 발진이나 화상과 같은 물집 등 심한 피부질환 증상이 나타나고 입이나 눈 점막이 짓무른다. 전체 피부의 10% 미만에서 증상이 생기면 스티븐스존슨증후군, 그 이상의 심각한 경우는 라이엘증후군으로 불린다. 항생물질 외에도 비스테로이드성 소염진통제나 간질약도 중증 약물 발진을 유발할 때 가 있다.

항생제를 복용하면 대장염도 생길 수 있다. 장내 유익균이나 중간 균이 줄어들면 상대적으로 유해균이 늘어나게 되는데 이때 유해균이 방출한 독소가 장 점막에 손상을 입히고 염증을 일으키기 때문이다. 대장염의 초기 증상은 설사, 복통, 점액변, 발열 등이다.

항우울제

 아이가 항우울제를
먹어도 괜찮을까

어린이나 청소년의 향정신성 약물 처방이 나날이 급증하고 있다. 의료경제연구기구가 실시한 조사에 따르면 일본에서 정신과 진료를 받은 아동의 수는 2002년 9만 5,000명에서 2008년에는 14만 8,000명으로 대폭 증가했다.

특히 우울증과 ADHD의 증가가 두드러졌다.[9] 13~18세 청소년에게 약이 처방된 횟수를 비교하면 항우울제는 37%, ADHD 약은 2.5배나 증가했다.[9]

우울증이 증가한 데에는 분명 이유가 있을 것이다. 학업 스트레스 때문일 수도 있고, 가정불화나 늘어난 학교폭력이 원인일 수도 있다.

부모가 아이의 우울증을 감지하고 이를 사랑과 대화로써 해결한다면 가장 좋겠지만 쉽지는 않다. 갈등과 걱정 사이를 오가다가 결국 병원에 데려가게 되는데, 이때 너무 쉽게 약이 처방된다. 예를 들어 두통, 위통, 미열이 3일 이상 계속되는가, 식욕이 떨어졌는가, 밤에 잘 자는가, 우울한 기분이 드는가, 집중이 잘 되는가, 자꾸 불안하고 짜증이 나는가, 생각이 뒤죽박죽인가, 성적이 떨어졌는가 등등을 질문하고, 항목에 몇 가지가 들어맞으면 아이는 '우울증'이라 진단받고 약을 처방받게 된다.

과연 아이가 항우울제를 먹어도 괜찮은 걸까? 이렇게 처방받은 항우울제를 먹으면 우울증이 나아질까?

그렇지 않다고 생각한다. 우울증은 항우울제로 치료되지 않는다. 혹자는 항우울제 효과가 임상시험에서 증명되었다고 주장할지도 모른다. 물론 임상시험 결과에서는 항우울제 덕분에 '식욕이 생겼다', '전혀 자지 못했는데 그럭저럭 잘 수 있게 되었다', ' 우울함이 조금 줄어들었다' 하면서 증상이 개선된 것을 볼 수 있다. 광고회사는 이것을 '효과가 있다'고 판정하고, 언론을 통해 항우울제가 우울증에 효과가 있다고 홍보해온 것도 사실이다.

하지만 여기에는 반드시 있어야 할 질문, 우울증이 '다 나았다' 혹은 '낫지 않았다'라는 항목이 들어 있지 않았다. 아니, 애초에 조사하지도 않았다. 이유가 무엇일까?

항우울제는 본디 각성제와 매우 비슷하게 뇌를 흥분시키는 약이다. 각성제를 먹어도 우울증이 낫지 않는 것은 당연하다. 이 사실을 전문가를 비롯한 관계자들이 모를 리 없다.

누군가는 항우울제를 복용한 뒤 우울한 기분이 조금 나아지고 불안이 줄어들며 불면증이 개선되는 등 괴로운 증상들이 일시적으로 호전되었을지도 모른다. 하지만 부작용이 있다. 대표적인 부작용으로 삼환계 항우울제는 입 마름, 변비, 배뇨장애가 따르고, 선택적 세로토닌 재흡수 억제제SSRI는 메스꺼움, 구토, 설사 등이 생길 수 있다.

특히 선택적 세로토닌 재흡수 억제제는 가장 흔하게 처방되는 우울증 약인데, 자살 충동을 일으키는 심각한 부작용이 있다. 미국 FDA는 이러한 부작용을 충분히 알고 있었지만 아이들의 선택적 세로토닌 재흡수 억제제 복용을 금지하지 않았다. 제약회사의 이익을 우선시한 결과라고밖에 생각할 수 없다.

그러나 선택적 세로토닌 재흡수 억제제를 복용한 아이들의 자살이 잇따르자 더이상 부작용을 묵인할 수 없게 되었다. 2004년 9월, 미국 FDA는 '항우울제가 아이들, 특히 10대 청소년의 자살 위험을 높인다'고 인정했다.

평범한 아이들의 이상한 돌발행동

선택적 세로토닌 재흡수 억제제 복용으로 촉발된 자살 사례는 상당히 많지만 여기서는 두 사례만 소개하고자 한다.

2003년 7월 22일 펜실베이니아주에서는 17세 여학생 줄리 우드워드가 집 차고에서 목을 매어 사망한 사건이 발생했다.[10] 줄리는 고교 2학년 때까지 행복한 소녀였다. 하지만 남자친구와 헤어지고 나서부터 친구들과 밤늦게까지 어울리며 이전만큼 학업에 신경을 쓰지 않았다. 기분은 금세 우울해지고 짜증이 났다. 당연히 성적도 떨어졌다.

그러다 우연히 지역 병원의 집단치료 프로그램에 참여하게 되었는데, 병원의 두 의사는 줄리의 부모를 설득해 항우울제인 졸로프트를 복용하게 했다. 그런데 약을 먹고 2~3일 지났을 무렵부터 줄리의 상태는 더 나빠지기 시작했다. 한 번도 그런 적이 없었는데 엄마와 심하게 말다툼과 몸싸움을 하는가 하면, 계속 안절부절못하며 누구와도 대화하려 하지 않았다. 나중에 아빠가 집 차고에서 발견했을 때 줄리는 목을 매고 숨져 있었다. 항우울제를 복용한 지 딱 일주일만의 일이었다.

2016년 12월 14일에는 영국에 사는 14세 소년 매튜 험프리가 열차에 부딪혀 사망했다.[11] 중학교 담임선생님은 "매튜는 멋진 소년이고 유머감각도 뛰어나 함께 있으면 즐거웠다"고 회상했다. 매튜의 엄마도 아들이 매우 똑똑했고 컴퓨터도 잘 다뤘으며, 장래 학교 선생님을 꿈꿨다고 말했다.

어떤 이유에서인지 9월 즈음부터 자살 충동을 느끼게 된 매튜에게 학교 측은 주의를 기울였고 의료적 도움을 지원했다. 덕분에 10월부디 경험이 풍부한 정신과 의사에게 인지행동치료를 받을 수 있었고, 동시에 항우울제를 처방받아 복용했다.

한동안 매튜는 잠도 잘 자고 즐겁게 생활을 하는 듯했다. 담당 정신과 의사도 소견서에 '매튜가 전보다 기분이 좋아지고 본래 모습으로 돌아온 것 같다'고 적었다. 그러나 결국 안타까운 사고가 일어나고야 말았다. 사고 후 담당의는 이렇게 회상했다.

"사고는 충동적인 행동이었던 것 같다. 어린 친구가 자기 머릿속에서 무슨 일이 일어나는지 알아차리는 것은 무리라고 생각한다."

치료 중에는 예상치 못한 일이 벌어질 수 있지만, 적어도 담당의가 말한 '충동적'이라는 말은 좀 무책임해 보인다. 그리고 매튜의 좌불안석증, 즉 '아카티시아Akathisia'는 충동적이라기보단 갑자기 발생한 항우울제의 부작용 같은 게 아닐까 싶다. 아카티시아는 가만히 있지 못하고 끊임없이 안절부절못하며 앉았다 섰다를 반복하는 증상으로 선택적 세로토닌 재흡수 억제제로 인해 아이들에게 빈번하게 발생하는 최악의 부작용 중 하나다.

항우울제를 복용한 후 2009년에 자살한 아들을 둔 아버지가 항우울제에 의한 자살 사건을 조사해 그 위험성을 알리는 인터넷 사이트 AntiDepAware, http://antidepaware.co.uk를 만들었다.[12] 해당 사이트를 보면

(2019년 2월 기준), 2003년부터 2018년까지 영국에서 6,600명 이상의 아이들이 항우울제를 복용한 후에 자살했다고 적혀 있다.

아이에게 먹여도 괜찮은 항우울제가 있을까

흔히 사용되는 항우울제가 어린이와 청소년에게 미치는 효과와 안전성은 어떠한지 알아보자. 과연 아이가 먹어도 되는 항우울제가 있을까?

2016년 옥스퍼드대학교 정신과의 안드레아 치프리아니 박사는 이러한 궁금증에 대한 대답을 〈랜싯〉에 발표했다.[13] 치프리아니 박사는 아이들에게 주로 처방되는 항우울제 14가지의 임상시험 자료를 메타분석(복수의 연구결과를 통합하고 분석함, 신뢰성 높음) 한 결과, 플라시보 효과(위약에 의한 심리효과)보다 우수한 것은 **플루옥세틴**(상품명 프로작)뿐이었다고 밝혔다.

그렇다면 우울증에 걸린 아이에게 프로작은 먹여도 괜찮을까?

뒤에 상세히 설명하겠지만 프로작 역시 다른 항우울제와 마찬가지로 자살 위험을 높일 우려가 있기 때문에 주의해야 한다.

미국 국립보건원NIH 은 8~18세 어린이와 청소년에게 플루옥세틴을 사용하도록 허락했다. 다른 항우울제는 사용을 불허했지만, 다른 항우울제도 변함없이 자주 처방되고 있다. 사실 미국이나 일본의 치료 현장에서는 FDA 승인 없는 약이 처방되는 '오프라벨 처방'이 빈번하다.

치프리아니 박사는 어린이와 청소년의 항우울세 복용 효과와 안전성에 대해서는 확실하지 않다고 했다. 항우울제는 이미 10년 이상이나 아이들에게 처방된 약인데 효과와 안전성이 뚜렷하지 않다는 말은 어떻게 된 일일까?

치프리아니 박사는 그 이유를 '제약회사에 유리한 자료만 골라서 발표된 점', '임상시험의 65%가 제약회사의 지원을 받고 이루어진 점' 때문이라고 밝혔다. 한마디로 임상시험 결과를 곧이곧대로 믿기 어렵다는 말이다.

안전성을 믿기 어려운 이유

치프리아니 박사의 항우울제 효과에 대한 논문이 발표된 해에 더 심각한 논문이 〈영국의학저널〉에 발표되었다.[14] 이 논문은 북유럽 코크란센터 대표인 피터 괴체 교수의 연구진이 발표한 것으로, 현재 가장 많이 사용되는 항우울제를 두고 시행된 70건의 임상시험(피험자 수 1만 8,000명 이상)을 메타분석 한 결과다.

논문의 저자들은 항우울제가 18세 이하 청소년들의 공격성과 자살 위험을 2배로 높였다고 지적하면서 제약회사가 약의 부작용이나 사망에 대한 보고를 소홀히 했음을 비난했다.

부작용과 관련한 보고는 온통 거짓말이었다. 대부분의 부작용이 임상시험 자료에 기록되어 있지 않았다. 또 이름을 감춘 제약회사의 임상시험 자료에서 4건의 사망 사례가 보고되지 않았다. 회사 측은 임상시험이 끝나고 나서 환자가 죽었기 때문에 임상시험 자료에서 빠진 것이라고 발뺌했다.

그런가 하면 어떤 환자는 항우울제 벤라팍신을 복용한 후에 목을 맸는데, 5일간 생존했다는 이유로 임상시험 자료에서 빠졌다. 제약회사 측은 그가 병원에서 죽었을 때는 이미 임상시험에서 제외된 상태였다고 주장했다. 또한 자살 시도나 자살 충동 사례의 절반 이상이 정서 불안과 우울증 악화로 잘못 기재되어 있었다.

프로작의 판매처인 릴리 사가 실시한 임상시험 자료에서는 자살 시도한 사례의 90%가 누락되었다. 아이들의 증상을 개선하기 위해 사용되는 항우울제 14가지 중 플라시보 효과보다 나은 것은 릴리 사가 판매하는 프로작뿐이었다고 언급한 바 있다. 하지만 릴리 사의 임상시험 자료를 신뢰할 수 없기 때문에 프로작을 포함해 우울증 치료에 권장할 만한 항우울제는 아직 존재하지 않는다는 결론에 다다랐다.

괴체 교수는 이렇게 말했다.

"항우울제는 아이들에게 효과가 없다. 이것은 명백하다. 임상시험을 통해 판명된 사실은 항우울제로서 효과는 없는데 자살 위험성은 높인다는 것이다."

그렇다면 어떻게 하면 좋을까? 내 아이가 우울증에 걸렸을 때 의학적으로 기댈 곳 하나 없다면 너무 절망스러울 것이다. 이런 걱정과 두려움에 내해 영국 맨체스터내학교 정신과의 베르나드카 두비카 박사는 이렇게 조언한다.

"의료진의 권유로 아이가 항우울제를 복용하고 있다면 반드시 아이를 주의 깊게 살펴야 한다. 그리고 우울증 치료의 첫 번째 선택은 약물이 아니라 심리치료를 받는 것이다."

항우울제는 어린이와 청소년에게 먹여도 괜찮은 약이 아니다. 효능보다 잠재적인 위험이 훨씬 크기 때문이다. 아이가 우울증을 호소한다면 일단 우울한 아이의 말을 귀 기울여 경청하고 마음을 헤아리는 일이 먼저다. 음식이나 생활습관을 바꿔보는 것이 두 번째, 약은 그다음 마지막으로 선택해도 늦지 않다.

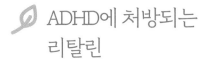

ADHD 약

ADHD에 처방되는 리탈린

아이에게 학교에서 친구들과 함께 공부하는 것은 중요한 일이다. 그런데 과잉행동이 있으면 함께 수업을 받는 데 큰 장애가 된다. 과잉행동은 잠시도 가만히 있지 못하거나 집중하지 못하고, 충동적으로 움직이며 위험한 행동을 하는 특징이 있다.

과잉행동을 하는 아이들의 지능이 낮아서 그런 것일까?

그렇지 않다. 오히려 보통 수준이거나 그보다 높은 경우가 많다. 하지만 극성맞고 주의력이 산만해서 한 가지 일에 집중하지 못한다. 그래서 지능이 충분히 높은데도 학습장애를 겪게 된다.

미국정신의학회는 이러한 아이들을 '주의력 부족Attention Deficit'과 '너무 높은 활동성Hyperactivity'이 밀접한 관계를 맺고 있다는 점에서 **주의력결핍 과잉행동장애**ADHD, Attention Deficit Hyperactivity Disorder 라고 부른다.

ADHD로 진단받은 아이들에게 흔히 처방되는 약은 **리탈린**과 콘서타(일반명 메틸페니데이트)이다. 리탈린은 코카인, 암페타민과 화학 구조가 거의 똑같고 비슷한 구조로 뇌를 흥분시킨다. 미국에서 리탈린은 마약성 진통제와 함께 남용되는 대표적인 약이다. 리탈린 관련 첨부 문서에는 '6세 미만의 소아에게는 투여하지 말 것', '소아에게 장기 투여한 경우 체중감소와 성장지연이 보고되었다'고 적혀 있다.

아이든 성인이든 리탈린을 기분이 너무 들뜰 만큼 대량으로 혹은 자주 복용해서는 안 된다. 과잉 복용하면 코카인이나 암페타민을 복용했을 때와 비슷한 감각이 나타나기 때문이다. 식욕이 떨어지고 집중력이 높아지며 사교적이고 말이 많아진다. 미국에서는 같은 이유로 체중 조절을 원하는 사람이나 학업성적을 향상시키고 싶은 사람이 리탈린을 오남용하는 경우가 있어 큰 문제가 되고 있다.

리탈린의 부작용으로는 어떤 것이 있을까?

사람에 따라 나타나는 징후가 달라서 일일이 설명하기에는 어려운 점이 있다. 일반적인 증상으로는 불안, 짜증, 심한 두근거림, 고혈압, 불면, 식욕저하, 메스꺼움, 경련 등을 들 수 있다.

리탈린을 장기 복용했을 때 나타나는 영향은 불명확하지만, 관련 연구자는 '한 번도 발병한 적 없는 사람에게 조현병이나 조증 등이 생기는 경우가 있다'고 말하기도 한다. 약이 없으면 견디지 못할 정도로 의존하게 되는 경우도 있다. 약물중독이 되면 성격과 일상생활에 변화가 생겨 삶이 흔들리게 된다.

건강한 아이가 ADHD 진단을 받고 리탈린을 복용한다면?

ADHD 문제 중 하나가 과잉 진단이다. 현재로선 아이가 정확히 'ADHD이다' 또는 'ADHD가 아니다'라고 딱 부러지게 판단할 수 있는 진단 방법이 없다. 이 말은 곧 명확하지 않은 경우에도 ADHD라고 진단받을 가능성이 있다는 뜻이다. 이런 식으로 과잉 진단을 받아 불필요하게 리탈린을 복용하는 일은 종종 발생한다.

그렇다면 건강한 아이의 뇌에 리탈린은 어떤 영향을 미칠까?

미국 델라웨어대학교의 킴벌리 어반 박사의 연구진은 지금까지 몰랐던 리탈린의 부작용에 대해 새로운 사실을 발표했다.[15] 많은 논문을 조사한 연구진은 젊고 건강한 쥐의 뇌에 리탈린이 나쁜 영향을 끼친다는 사실을 발견했다.

이해력과 판단력을 관장하는 전두엽은 뇌에서 가장 중요한 부분이다. 그런데 리탈린이 바로 뇌의 전두엽에 영향을 미쳤다.

전두엽에는 흥분성과 억제성, 두 유형의 신경세포가 있다. 한 쥐에게는 리탈린을 한 번씩, 다른 쥐에게는 여러 번씩 최장 3주간 투여한 결과 흥분성 신경세포의 활동이 저하되었다. 전두엽 활동이 저하된 것이다.

또 두 유형의 신경세포 사이의 커뮤니케이션이 줄어들고 전두엽의 유연성도 떨어졌다. 여기서 말하는 유연성은 뇌가 새롭게 들어온 정보에 반응해서 변화하는 능력, 그러니까 환경의 변화에 따라 뇌가 순응하는 능력을 말한다. 전두엽의 유연성이 떨어지면 새로운 환경에 잘 적응하지 못해 당황하거나 집중하기 어렵고, 한 가지 일에서 다른 일로 주의를 이동하는 능력이 부족하게 된다.

약을 투여한 횟수를 바꿔도 쥐의 뇌에 미치는 영향은 크게 달라지지 않았다. 장기간에 걸쳐 리탈린이 투여된 쥐는 단기간 투여된 쥐보다 약간 더 영향을 받았지만 거의 비슷했다. 결과적으로 리탈린은 ADHD가 아닌 정상적인 뇌에 투여되었을 때 워킹 메모리(작업 기억)와 유연성을 떨어뜨린다고 추측할 수 있다. 워킹 메모리란 예를 들면 아침에 일어나 부엌에서 무언가를 가지고 오려고 막 부엌에 도착했을 때 무엇을 하러 왔는지 생각나게 하는 능력이다.

물론 ADHD 아동에게는 리탈린이 효과적으로 작용한다. 뇌의 결함을 수정하기 때문이다. ADHD 아동은 전두엽의 기능이 저하된 경우가 많은데, 리탈린이 전두엽을 흥분시켜 집중하는 기간을 길게 연장시킨다. 그러나 평범한 아이가 잘못 진단되어 같은 약을 먹으면 뇌 활동을 과잉으로 만들어 폭주하게 한다. 집중력 강화와 각성효과를 위해 일부러 리탈린을 먹는다거나 ADHD로 과잉 진단을 받아 약을 처방받는 경우에는 위험이 따른다는 것을 반드시 알아야 한다.

현시점에서 ADHD를 정확하게 진단하는 방법은 존재하지 않는다. 진단은 대개 주의력 결핍에 대한 질문과 대답을 통해 내려진다. 단순히 주관적인 해석에 의해 아이가 불필요한 진단을 받고 약을 복용하게 되는 건 아닌지 돌아볼 필요가 있다. 호기심 많고 활동성이 높은 탓에 혹은 교실에서 하는 공부가 지루해서 가만히 있기 어려운 경우도 있을 텐데, 그런 아이를 ADHD라고 쉽게 단정한 건 아닌지 말이다.

떠밀리듯 병원에서 약을 처방받아 복용하면 아이의 뇌는 차츰 손상을 입는다. 전두엽은 20대 후반에서 30대 초반까지 서서히 시간을 들여 완성된다. 어릴 때 불필요하게 리탈린을 복용하게 되면 뇌 발달에 문제가 생길 위험이 있다.

- 세상에 완벽한 약은 없다. 좋은 식사로 아이의 체력과 면역력을 키우는 게 먼저다.

- 아스피린, 디클로페낙, 메페남산과 같은 NSAIDs를 15세 이하 어린이에게 먹여서는 안 된다.

- 항생제는 세균 감염증에는 효과가 있지만 바이러스 감염증에는 효과가 없다. 항생제를 계속 먹으면 세균이 내성균으로 바뀌어 기존의 항생제로는 치료가 되지 않는다.

- 종합감기약, 기침약, 설사약, 거담제는 부작용의 우려를 생각하면 복용하지 않는 편이 바람직하다.

- 타미플루, 리렌자는 인플루엔자 증상을 0.7일 혹은 0.6일 더 빨리 낫게 할 뿐이다. 타미플루를 먹은 아이들에게 많은 이상행동이 발생하고 있다.

- 항우울제로 우울증은 치료되지 않는다. 심리치료를 우선시하고 항우울제는 되도록 나중에 선택하는 것이 바람직하다.

- ADHD라고 진단받은 아이에게 처방되는 리탈린을 건강한 아이가 복용하면 뇌의 전두엽에 나쁜 영향을 끼칠 가능성이 있다.

PART 5

아이에게
백신을 접종해도
괜찮을까

백신을 접종하면 면역이 생기고
감염증에 대한 저항력을 얻는다. 이것이 백신 접종의 장점이다.
하지만 건강한 사람의 몸에 바이러스나 세균, 기타 물질을
주입하기 때문에 위험한 행위이기도 하다. 이것이 단점이다.
과연 백신의 효과와 위험성은 어느 정도일까?
아이에게 백신을 꼭 맞혀야 할까?

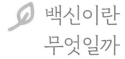

백신이란 무엇일까

홍역에 걸렸다가 나은 사람은 두 번 다시 홍역에 걸리지 않는다. 홍역 바이러스의 첫 감염으로 평생 홍역에 대한 면역을 얻기 때문이다. 그 후로도 면역력이 충분하면 병에 걸리지 않고 지나간다.

때로는 인위적으로 면역력을 얻기 위해 건강한 사람의 몸에 일부러 바이러스를 넣는데, 이와 같은 의약품을 '백신Vaccine'이라고 한다. 현재는 바이러스만이 아니라 세균이나 독소를 주사해서 면역이 생기도록 하는 것도 백신에 포함된다.

백신에는 **사백신**Inactivated Vaccine 과 **생백신**Attenuated Vaccine 이 있다. 사백신은 배양한 병원체를 죽이되 항원의 특성은 그대로 유지하여 만든 백신이다. 폴리오(소아마비), 콜레라, 인플루엔자 백신 등이 여기에 속한다. 생백신은 병원체를 죽이지는 않지만 약독화된 상태로 주입하여 병을 일으키지 않게 하는 백신이다. 결핵, 볼거리, 홍역, 풍진, 장티푸스 백신 등이 여기에 속한다.

백신을 접종하면 면역이 생기고 감염증에 대한 저항력을 얻는다. 이것이 백신 접종의 장점이다. 하지만 건강한 사람의 몸에 바이러스나 세균, 기타 물질을 주입하기 때문에 위험한 행위이기도 하다. 이것이 단점이다.

여러 가지 신생 바이러스 때문에 예전에 비해 '백신' 자체에 대한 관심이 매우 높아졌다. 세계적 대유행이 발생한 경우라면 접종하는 게 안전하지만, 그렇지 않다면 장단점을 비교해보고 당사자가 접종 여부를 선택하는 게 맞다.

그런데 백신 접종의 대상자는 주로 성인보다 갓난아기나 영유아에게 많다. 아이에게 선택을 맡길 수 없으니 보호자인 부모가 판단해야 하는데 책임이 정말 막중하다. 부모는 백신에 대해 충분한 지식을 가져야 하고 진지하게 학습할 필요가 있다.

보통 아이가 태어나면 부모는 백신 접종을 서두르게 된다. 예방접종 계획표를 보면 2세까지 12가지의 백신을 27차례 접종해야 한다 (2018년 4월 일본 기준). 많기도 많은 예방접종을 맞히긴 해야 하는데, 한편으로는 걱정이 되는 것도 사실이다.

과연 백신의 효과와 위험성은 어느 정도일까?

아이에게 백신을 꼭 맞혀야 할까?

일본에서 발생한 백신 접종 논란

백신에 관한 법률을 '예방접종법'이라고 한다. 일본에서는 1948년에 제정되었는데 천연두, 백일해, 디프테리아, 장티푸스 등 12개 감염증을 대상으로 했다. 이 법률의 특징은 모든 국민에게 백신 접종을 의무화한 것이다. 즉, 백신 접종을 하지 않으면 벌금을 내야 하는 의무적인 강요였다.

백신을 맞지 않으면 벌금을 내야 한다니 왜 이런 강제적인 법률이 만들어졌을까?

그 당시 일본은 감염증으로 사망하는 사람이 많았기 때문에 서둘러 국민을 보호할 방책이 필요했다. 더군다나 제2차 세계대전 후 패전국이 된 일본은 미국에 의해 지배되고 있었기 때문에 명령을 따를 수밖에 없었다.

그런데 법률이 시행된 1948년에 곧바로 문제가 발생했다. 교토부와 시마네 현에서 디프테리아 백신 접종에 따른 부작용이 속출해 84명의 영유아가 사망한 것이다. 당시 법률에는 부작용 피해자를 구제하는 제도가 없었기 때문에 피해자 측이 개별적으로 지자체나 국가에 호소하는 수밖에 없었다. 하지만 피해자 측이 백신 접종에 따른 부작용을 의사나 지자체에 아무리 호소해도 대부분 '특이 체질' 탓으로 돌리며 상대조차 해주지 않았다.

이후 피해자 측이 끈질기게 억울함을 호소해 지자체로부터 위로금을 받은 사례가 생겼고, 백신 피해로 인한 소송이 차츰 힘겹게 진행되었다.

1970년대에 접어들면서 백신 피해자의 부모들이 모여 잇따라 정부에 소송을 제기했다. 다행히 1976년에는 예방접종법이 개정되어 피해자 구제제도가 법제화되었다. 그 후에도 백신 피해자의 소송은 끊이지 않았고, 결국 도쿄고등재판소의 재판관은 '국가가 예방접종 부작용 문제에 주의를 기울이지 않았다'는 판단을 내렸다.

오랜 시행착오와 논란 끝에 일본에서는 1994년에 예방접종법이 의무접종에서 권장접종으로 바뀌었다. 백신 접종의 의무가 없어진 것이다. 1994년을 경계로 '국가가 시키는 대로 백신을 접종하라'에서 '자기 일은 스스로 결정하라'로 국가 방침이 180도 전환되었다.

현재 일본에는 무료로 제공되는 '정기 접종'과 스스로 돈을 내고 접종하는 '임의 접종'이 있다. 어느 쪽이든 본인 또는 아이의 부모가 접종 여부를 결정한다. 백신을 접종하고 싶지 않으면 거부하면 된다.

백신에 대해서는 여전히 많은 논란이 있다. 백신 접종을 고려할 때 이점이 무엇인지, 이점은 위험성보다 큰 것인지 잘 따져봐야 한다. 그동안 백신에 대해 잘 모르고 별 의심 없이 받아들였다면 이제는 알고 스스로 판단 기준을 갖기 바란다.

백신은 인류를 구했을까

백신은 특정 감염증 예방에 효과적이다. 과거에는 홍역, 백일해, 성홍열로 많은 아이가 사망했지만, 지금은 선진국에서 이러한 감염증으로 사망하는 아이는 없다. 또한 천연두나 폴리오 같은 중병은 백신에 의해 정복되었다. 이는 모두 백신의 공적이다.

하지만 수긍하기 어려운 부분에서도 '백신이 인류를 구했다'면서 백신 접종을 맹목적으로 권하는 사람들이 있다. 전 세계 인구의 삶과 질, 수명이 대폭 향상된 것은 백신 덕분이라고 말하는 백신 예찬론자들이 그렇다.

그런데 백신이 인류를 구했다는 주장은 사실일까?

여기에서 제대로 사실 관계를 짚어보자. 실제로 1900년 이후 여러 선진국에선 사망률이 뚜렷하게 감소했다. 예를 들어 미국인 사망률은 1900년부터 1970년까지 약 74%나 낮아졌다. 그리고 삶의 질과 수명이 대폭 향상되었다.

이에 대해 백신 예찬론자들은 사망률 감소에 백신이 공헌했기 때문이라고 한다. 정말 그런 것일까? 검증된 자료가 존재하는 미국과 영국을 사례로 한번 살펴보자.

선진국에서 수명이 늘어난 까닭

1970년 10월 19일, 시카고에서 열린 감염증학회의 연례 회의에서 에드워드 카스 박사는 후세에 길이 남을 만한 명강연을 했다.[1] 강연 내용은 '미국인 사망률 감소와 백신의 관련성'에 관한 것으로, 당시 감염증학회 회장이었던 카스 박사의 이야기는 강연을 들으러 온 많은 의사들에게 큰 충격을 주었다.

카스 박사는 동료 의사들을 앞에 두고, 사망률이 낮아진 이유를 전반적으로 살피지 않고 잘못 말하거나 틀린 대답을 옳다고 계속 밀어

붙이는 추세에 일침을 놓았다. 이 경고는 진실의 절반을 안 것에만 만족할 뿐 그 전모를 찾는 노력은 하려 들지 않는 데에 대한 비판이기도 했다.

카스 박사가 말한 절반의 진실은 '인류가 결핵이나 디프테리아, 폐렴 같이 인간을 죽음으로 내모는 병원체를 물리쳤다'는 사실이다. 또 미국인의 수명을 연장한 주요인은 의학 연구와 훌륭한 의료시스템이며, 이것이 미국인에게 세계 최고의 건강을 제공했다는 것이다. 하지만 이것은 진실의 절반에 불과했다.

이어 카스 박사는 동료들의 눈이 번쩍 뜨일 만한 또 다른 자료를 공개했다. (도표 5-1) 이 자료는 영국에서 15세 이하 아동이 매년 홍역으로 사망한 수를 나타낸 것이다. 세로축은 100만 명당 사망률을, 가로축은 연도를 나타낸다. 여기서 주목할 점은 이 자료에 홍역 백신이 없다는 사실이다. 홍역 백신이 영국에 도입된 해는 1968년이다. 즉, 백신이 존재하지 않았음에도 홍역으로 인한 아이의 사망률은 계속 크게 낮아진 것이다.

백일해 자료도 홍역과 거의 비슷했다. 이 자료에는 백일해 백신의 도입 시기가 들어 있다. (도표 5-2) 카스 박사는 성홍열에 의한 사망률 자료도 제시했는데 백신의 성과를 한층 더 알 수 없게 되었다. 성홍열 백신이 도입되지 않았는데도 성홍열로 인한 아이의 사망률이 매년 크게 감소했기 때문이다. 성홍열도 홍역, 백일해의 자료와 매우 비슷했다. (도표 5-3)

도표 5-1 ⋯ 영국에서 홍역으로 인한 15세 이하 아동의 연간사망률

100만 명당 사망률

홍역 바이러스 발견

출전 : EH.Kass J.O. Infee.D.S. vol 123, No.1 110 (1971)

도표 5-2 ⋯ 영국에서 백일해로 인한 15세 이하 아동의 연간사망률

100만 명당 사망률

백일해균 발견

항생물질 도입

백신 도입

출전 : EH.Kass J.O. Infee.D.S. vol 123, No.1 110 (1971)

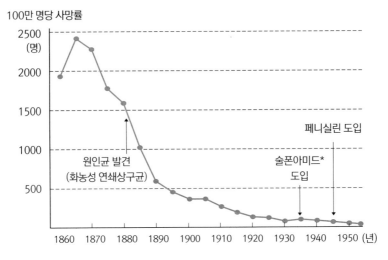

도표 5-3 ··· 영국에서 성홍열로 인한 15세 이하 아동의 연간사망률

100만 명당 사망률

원인균 발견
(화농성 연쇄상구균)

술폰아미드*
도입

페니실린 도입

출진 : EH.Kass J.O. Infee.D.S. vol 123, No.1 110 (1971)

*술폰아미드 : 세균을 죽이는 항생제

카스 박사는 무엇을 말하고 싶었던 것일까? 그의 말을 직접 인용하면 이렇다.

"특정 감염증이 줄어드는 것은 주로 사회경제적인 상황의 변화가 좌우한다. 감염증 감소는 인류 건강사에서 매우 중요한 사건이지만, 어떻게 이런 결과가 나왔는지에 대해서는 명확하지 않다. 특히 사회경제적인 개선과 감염증 감소가 병행해서 나타나는 구조에 대해서가 그렇다."

성인과 아이의 사망률이 감소한 이유는 좋아진 영양 상태 때문일까? 정비된 상하수도 때문일까? 인구밀도가 낮아진 주거환경 때문일까?

오늘날에는 이 세 가지를 모두 주요 원인이라고 인식하고 있다.

카스 박사는 동료들에게 안이하게 내려진 결론을 의심 없이 받아들일 게 아니라 객관적인 입장을 유지하며 새로운 가능성을 생각해보기를 바랐던 것 같다. 그는 선진국에서 감염증에 의한 사망률이 극적으로 감소한 원인으로 백신의 공헌을 인정하지 않았다.

백신은 인류에 얼마나 공헌했을까

그런가 하면, 1977년에는 보스턴대학교의 전염병 학자 맥킨레이 부부(존 맥킨레이와 소냐 맥킨레이 박사)가 백신(및 기타 의학적인 개입)의 역할에 관해 독창적인 연구결과를 발표했다.[2]

맥킨레이 부부는 미국에서 남성과 여성의 연도별 사망률 추이를 제시하며 이렇게 단언했다. 도표 5-4 '최근의 사망률 감소는 특정한 의학 수단이나 의료서비스를 도입했기 때문이 아니다.' 여기에서 말한 의학 수단이란 백신, 항생제, 수술 등 현대의학이 도입한 모든 수단을 지칭한다.

그렇다면 현대의학은 1900~1970년에 미국인 사망률 저하에 얼마만큼 공헌했을까? 논문의 결론을 소개하면 다음과 같다.

• 사망률이 92.3% 감소한 것은 1900~1950년 사이에 일어났다. 이는 대부분의

백신이 존재하기 이전의 일이다.

- 1900년부터 1970년까지의 사망률이 74.4%나 낮아진 원인에 백신, 항생제, 수술의 공헌도는 1~3.5%로 추정된다.

카스 박사는 20세기 선진국의 사망률을 두드러지게 감소시킨 것은 백신의 공적이 아니라는 점을 분명히 밝혔다. 맥킨레이 부부는 카스 박사의 주장을 자료로 뒷받침했을 뿐 아니라 백신, 항생제, 수술

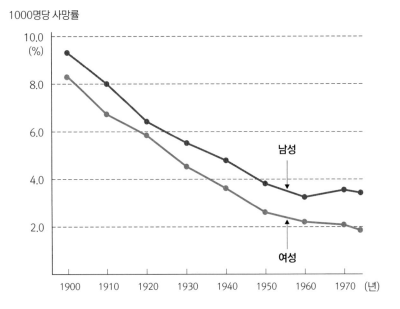

도표 5-4 ⋯ 미국인(남성·여성)의 연간사망률 추이(1900~1970년)

1000명당 사망률

출전 : J.B.Mckinley and S.M.Mckinley
MMFQ/Health and Society/Summary 1977

등을 합한 공헌도를 1~3.5% 정도로 추정했다. 백신만이 아니라 항생제와 수술까지 합한 공헌도가 최대 3.5%였다는 말이다.

2000년에 마침내 쐐기를 박는 연구결과가 발표되었다.[3] 존스홉킨스대학교와 미국 질병통제예방센터CDC의 연구자가 맥킨레이 부부의 연구결과를 재확인한 것이다. 연구자는 "백신 접종으로는 20세기 전반에 아동 사망률이 현저하게 줄어든 사실을 설명할 수 없다. 90%의 사망률 감소는 항생제와 백신을 거의 얻을 수 없었던 1940년 이전에 일어났기 때문이다"라고 말했다.

또한 연구자는 사망률이 대대적으로 감소한 원인에 대해서도 명확하게 서술했다. '물 처리 기술 향상에 따른 깨끗한 물, 안전한 먹을거리, 영양 개선, 환경위생 향상 덕분에 인류는 구원되었다.' 요컨대 영양과 환경위생 개선이 사망률을 감소시켰다는 결론이다.

만약 백신이 인류에 얼마나 공헌했을까를 따져본다면 대답은 이렇지 않을까.

'백신만의 효과를 따진다면 아마도 1%, 혹은 그 이하다.'

카스 박사의 강연 이후 50년이 지난 지금도 세계 곳곳에서는 '백신 신화'가 건재하다. 백신으로 막대한 이익을 얻는 사람들이 계속 홍보를 하기 때문이다. 그들은 '백신이 세계를 구했다', '모든 아이에게 백신을 접종해야 한다', '백신을 접종하지 않으면 사라진 감염증이 다시 돌아온다'라면서 자극적인 선전 문구를 내세우고 있다.

우리는 그런 세계에서 살고 있다는 사실도 직시해야 한다. 그리고 이것이 내가 이 책에서 백신의 양면을 소개하려는 이유다.

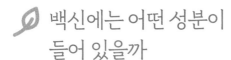 백신에는 어떤 성분이 들어 있을까

한 개의 백신이 세상에 나오기까지는 대략 7년이 걸린다고 한다. 어렵게 개발한 백신이라고 해도 바이러스 변이 때문에 무용지물이 되는 경우가 있고, 부작용으로 상용화하지 못하는 경우도 있다.

백신에 대한 반응은 사람마다 각기 다르다. 대체로는 별 탈 없이 항체를 얻지만 그렇지 않은 경우도 있다. 특별히 해가 없는 외부물질에 과잉반응을 보여 알레르기를 일으키거나 신체 내부물질에 대항해 면역체계를 발동시켜 류머티즘과 같은 병을 유발하기도 한다.

그런가 하면, 백신주사 안에 든 성분이 문제가 될 때도 있다. 사실 백신주사 안에는 죽거나 약화된 병원균들만 있는 게 아니다. 혼탁액, 보존료나 안정제, 애주번트, 배양 관련 물질 등 크게 네 종류의 물질이 들어 있다.[4]

- 혼탁액(멸균정제수, 생리식염수, 단백질을 함유한 액체)
- 보존료나 안정제(알부민, 페놀, 글리신)
- 애주번트(백신의 효과를 높이기 위한 증강제)

- 배양 관련 물질(백신에 사용하는 바이러스나 세균을 배양하는 데 쓰는 소량의 물질)

이 가운데 알레르기를 일으킬 수 있는 물질이 있다. 각각의 물질은 어떤 역할을 하며 우리 몸에는 어떤 영향을 줄 수 있는지 알아보자.

티메로살(에틸수은)

티메로살은 수은을 함유한 방부제다. 여러 차례 분량의 백신을 한 병의 바이알(주사제를 넣기 위한 용기)에 보관할 때 티메로살을 첨가해두면 세균 증식을 억제할 수 있다. 세균의 단백질에는 티올기(SH기)가 있는데, 효소가 작용하는 데 반드시 필요하다. 티메로살이나 머큐로크롬에 들어 있는 수은이 티올기와 만나면 효소가 작용하지 못하므로 세균이 죽는다.

하지만 수은은 신경 독성이 강해서 인체에 매우 해롭다. 황새치, 상어, 참치 등 큰 물고기에는 수은이 축적될 우려가 있어 미국 FDA와 EPA는 가임기 여성이나 육아 중인 여성, 그리고 아이들에게는 섭취를 삼가도록 권장하고 있다. 음식을 통해 들어오는 수은 성분도 위험한데, 백신 접종으로 수은이 직접 몸으로 들어오면 그 독성은 가늠하기 어렵다.

알루미늄화합물

생백신이 아니면 접종을 해도 강한 면역력을 얻을 수 없다. 그래서 백신 효과를 높이기 위해 애주번트가 사용된다. 애주번트로는 알루미늄화합물이 많이 사용된다.

알루미늄화합물은 체내에서 신속하게 배출되는 수용성 물질과 오래 머무는 불용성 물질이 있다. 백신에 사용되는 것은 불용성 물질로, 체내에 오래 머물기 때문에 강한 면역력을 얻게 된다.

알루미늄화합물을 포함한 백신은 인플루엔자 백신, HPV 백신, 3종·4종 혼합백신 등이다. 안전성은 문제없을까?

알루미늄화합물은 과거 90년 동안 백신의 효과를 높이기 위한 증강제로서 계속 사용되었다. 제대로 된 임상시험이 실행되지 않은 채 근거 없이 안전하다고 간주되면서 말이다. 하지만 알루미늄화합물이 사람과 동물 뇌의 신경세포를 죽인다는 사실이 증명되었다.[5] 알루미늄화합물이 수용성 물질이라면 몸밖으로 바로 배출되기 때문에 덜 위험할지 모르나, 애주번트로 사용되는 알루미늄화합물은 그렇지 않다.

캐나다의 한 연구자는 갓난아이가 백신주사를 맞을 때 흡수되는 양에 해당하는 알루미늄화합물을 태어난 지 얼마 안 된 쥐에게 주사했더니 쥐의 행동에 이상이 생겼다고 발표했다.[5] 또한 영국 킬대학교의 크리스토퍼 엑슬리 교수는 사망한 자폐증 환자의 뇌를 분석한 결과 다량의 알루미늄이 축적되어 있었다고 밝혔다.[5] 백신에 포함된 알루미늄화합물이 아기의 뇌 신경세포를 죽이고 심각한 손상을 초래하는 것은 아닌지 우려된다.

포름알데히드(포르말린)

포름알데히드는 세균을 죽이고 백신으로 이용하는 톡소이드(변성독소)를 만드는 데 필요한 가연성 무색 기체다. 인체에 독성이 매우 강한 물질일 뿐 아니라 발암성도 있다.

감염병을 연구하는 미국 질병통제예방센터CDC에 의하면 대부분의 포름알데히드는 포장 전에 제거된다고 한다. 하지만 각각의 백신에 들어 있는 포름알데히드는 미량일지 모르지만 여러 가지 백신을 접종하다 보면 포름알데히드가 체내에 쌓일지 모르기 때문에 안전성 여부는 확실하지 않다.

달걀의 단백질

인플루엔자 백신이나 황열병 백신은 바이러스를 달걀 속에서 배양해 제작한다. 달걀을 먹는 데 문제가 없는 사람은 알레르기가 생기지 않지만 달걀 알레르기가 있는 사람은 인플루엔자 백신이나 황열병 백신을 주의해야 한다.

젤라틴

젤라틴은 소, 돼지 같은 동물의 가죽이나 뼈를 산이나 알칼리로 처리해서 만든 콜라겐을 가열하여 물로 추출한 것이다. 반투명, 무색무취의 젤 상태로 식품, 약, 화장품, 모발 관련 제품 등에 들어간다.

백신에는 혼탁액을 안정화하기 위한 첨가제로서 들어간다. 하지만 젤라틴을 함유한 백신을 맞고 알레르기나 아나필락시스 쇼크를 일으키는 경우가 있다. 더욱이 젤라틴에 대한 IgE(면역글로불린E) 항체가 발견되면서 원인물질이 젤라틴이라는 사실도 확인되었다.

글루탐산나트륨(MSG)

백신의 현탁액은 열, 빛, 산, 높은 습도에 노출되면 불안정해지기 때문에 이를 막기 위해 글루탐산나트륨MSG 이 많은 백신에 첨가된다. 하지만 MSG는 뇌에 갖가지 나쁜 영향을 미친다. 갓 태어난 쥐에게 MSG를 섭취하게 하자 시상하부의 신경세포가 사멸하고 이상행동을 보였다. 악영향은 오래 계속되었는데, 이 쥐가 다 크고 나서도 운동과 학습능력이 일반 다른 쥐보다 낮았다.[6] 또한 호주의 한 연구자는 MSG가 천식을 유발한다는 연구결과를 발표하기도 했다.[7]

항생물질

백신의 제조과정이나 보존과정에서 세균 증식을 막는 데 항생물질이 빈번하게 사용된다. 네오마이신, 겐타마이신, 폴리믹신B, 카나마이신, 스트렙토마이신, 암포테리신B 등이 그것이다. 그런데 사람에 따라서는 이러한 항생물질에 알레르기 또는 아나필락시스 쇼크를 일으키는 경우가 있다.

🌱 폴리오 생백신의 극적인 효과

폴리오는 폴리오바이러스 감염에 의해 생기는 전신성 질병으로, 정식 명칭은 '급성 회백수염'이다. 주로 환자의 분변(대변)이 경구로 전파되어 감염되는데 감염이 되어도 90% 이상은 증상이 나타나지 않으며, 약 6%의 환자에게서 발열, 설사, 두통, 졸음 등 감기와 비슷한 증상이 나타났다가 곧 사라진다. 다만, 드물게(1% 이하) 증상이 오래가면서 손발, 특히 발에 마비가 오는 경우가 있는데 소아에게 많이 발병한다고 해서 과거에는 '소아마비'라고 불렀다.

백신 접종의 극적인 효과를 말할 때 가장 먼저 떠오르는 예시가 바로 폴리오 백신이다. 일본에서는 1960년에 폴리오가 크게 유행하여 환자가 6,500명에 달한 적이 있었다. 당시 일본에서는 생백신 개발이 완성되지 않은 상태였다. 그래서 이듬해부터 사용이 인가된 폴리오 생백신을 캐나다와 구소련에서 긴급 수입해 1,300만 명의 아이들에게 일제히 접종했다. 그러자 1963년에는 환자 수가 100명 이하로 급감했다. 이후 일본에서 폴리오 유행은 사그라들었다.

폴리오 백신은 폴리오바이러스에 기대 이상의 극적인 효과가 있었다. 1980년을 마지막으로 일본에서 야생 폴리오바이러스에 의한 환자는 발생하지 않았다. 세계 각국에서도 폴리오 백신을 접종하여 바이러스 퇴치에 성공했다. 세계에서 여전히 폴리오바이러스가 존재하는 곳은 아프가니스탄과 파키스탄 두 나라뿐이다.

폴리오 생백신에 따른 부작용

폴리오 백신이 이토록 효과적이었던 이유는 살아 있는 바이러스를 이용한 생백신이었기 때문이다. 살아서 몸속으로 들어간 바이러스가 장내에서 증식하면 이를 퇴치하기 위해 면역계가 작동하면서 이후 침입한 야생 폴리오바이러스를 강력히 물리쳤다.

그런데 폴리오 생백신은 폐해도 있었다. 접종한 아이들 중에 드물게 마비가 발생한 것이다. 어째서일까? 약독화(독성이나 병원체의 성질을 약화시킴)하여 투여된 폴리오바이러스가 아기의 장내에서 증식하는 동안 원래의 독성을 회복하여 강독성이 되었기 때문이다. 1981~2000년 사이에 일본에서 보고된 15건의 폴리오 환자의 바이러스를 조사했더니 야생에서 유래한 것이 아니었다. 바로 백신 때문이었다. 야생 폴리오바이러스가 없어졌어도 백신에서 유래한 폴리오바이러스가 계속 발생한 것이다.

폴리오 생백신 때문에 생긴 마비는 연평균 8~10명에 달한다. 이러한 사실을 알게 된 부모들이 백신 접종을 거부하자 불활성화 백신(사백신)으로 바뀌었다. 하지만 불활성화 백신은 바이러스가 죽어 있기 때문에 면역력이 생기기 어렵다. 이 때문에 불활성화 백신은 생백신보다 더 여러 번 접종해야 한다. 보통 4회 정도 접종한다.

일본에서는 폴리오 백신만 단독으로 4회 접종하는 것은 번거롭기 때문에 디프테리아, 백일해, 파상풍 3종 혼합백신DPT에 불활성화 폴리오 백신IPV을 더한 4종 혼합백신DPT-IPV을 4회에 걸쳐 접종하고 있다. 하지만 영유아에게 여러 종류의 백신을 동시 접종하는 것은 위험한 일이라고 생각한다.

폴리오 백신이 효과가 있다는 사실은 분명하다. 다만, 1981년 이후 일본에서 야생에서 유래한 폴리오 환자는 발생하지 않았다. 따라서 이제는 감염될 가능성이 있는 아이만 접종하면 되지 않을까 싶다.

일본의 갓난아기 중에서 폴리오에 감염될 가능성이 있는 경우는 아프가니스탄인과 파키스탄인 폴리오 감염자가 집에 왔을 때뿐이다. 거의 현실성이 없는 일이다. 나는 이제 일본에서 폴리오 백신 접종은 불필요하다고 생각한다.

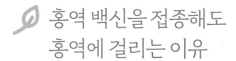

홍역 백신을 접종해도 홍역에 걸리는 이유

홍역은 호흡기를 통해 전염되는 급성 발진성 바이러스 질환이다. 백신이 개발된 후 선진국에서는 발병이 크게 줄었지만 개발도상국가에서는 아직도 흔히 발생한다.

주로 환자와의 직접 접촉이나 눈물, 콧물, 기침 등의 분비물에 오염된 물품을 매개로 전파되고, 공기를 매개로 전파될 수도 있다. 소아에게는 생명을 위협하는 주요한 질병이 되며, 홍역 바이러스는 태반을 통과하기 때문에 태아가 감염되어 선천성 홍역을 일으킬 수도 있다.

홍역에 걸리면 발열과 함께 온몸에 분홍색 발진이 퍼지는 것이 특징이다. 바이러스 침입 후 10일 정도 잠복기를 거쳐 증상이 나타나기 시작한다. 39도 가까운 고열이 나고 기침, 콧물 등이 2~3일 계속되며 열이 잠깐 떨어졌다가 다시 고열이 난다. 입안에는 '코플릭반점'이라는 하얀 반점이 생기고 온몸에 발진이 퍼진다.

일단 홍역에 걸리면 항생제는 물론이고, 다른 어떤 약을 먹어도 소용이 없다. 증상을 가볍게 할 수도, 발병 기간을 단축시킬 수도 없다. 안정, 충분한 수분 공급 등의 보존적 치료와 해열제 복용 등을 통한 대증치료를 하면서 그대로 기다리는 수밖에 없다. 대신 홍역에 걸린 후 회복하면 홍역에 대한 평생 면역력을 얻게 된다.

예방접종과 면역력 강화에 신경 쓰자

일본에서는 2007년에 간토 지역을 중심으로 홍역이 크게 유행한 적이 있다. 한 대학에서 학생과 직원 80명 이상이 홍역에 걸려 일시적으로 전 수업을 휴강하는 대학폐쇄 조치까지 취했다. 본래 홍역은 3~6세 사이에 걸리며, 큰 아이나 성인이 걸리는 일은 드물다. 그런데도 성인에게 발병한 이유는 무엇일까?

주로 어릴 때 홍역 백신을 맞지 않은 사람들이 바이러스에 노출되어 발병했지만, 문제는 어릴 때 백신을 맞았던 사람도 홍역에 걸렸다는 점이다. 홍역 백신은 바이러스의 독성을 약하게 해서 만든 생백신이기 때문에 어른이 되고 나서도 유효해야 한다. 그런데 왜 홍역 백신을 접종했음에도 발병한 것일까?

홍역 백신은 1회 접종으로 90%의 사람에게 면역이 생긴다고 한다. 나머지 10%의 사람은 면역력이 충분치 않아서 환자와 접촉하면 감염이 된다. 2회 접종하면 괜찮겠지 생각하면 오산이다. 2회 접종을 해도 또 1%의 사람은 면역력을 충분히 얻지 못해서 환자와 접촉하면 감염된다. 즉, 완전하게 면역을 얻으려면 한두 번 접종으로는 부족하다는 말이다.

한편, 발병해도 고열이 나지 않고 발열 기간도 길지 않는 등 증상이 가벼워 홍역이라고 눈치채지 못한 사람도 많이 확인되었다. 이처럼 경증화된 홍역은 면역력이 부족해서 발생한다. 왜 홍역에 대한 면역력이 부족해졌을까? 과거에는 백신 접종으로 생긴 면역력이 주위에 있던 환자들로 인해 더 강화되었다. 이를 '**부스터 효과**'라고 한다. 하지만 지금은 주위에 홍역 환자가 없어졌기 때문에 부스터 효과를 기대하기 어렵다.

홍역은 감염력이 강해서 더 무서운 병이다. 다행히 홍역 바이러스는 유전자가 변이하지 않기 때문에 백신 접종이 효과적이다. 더욱이 홍역 백신은 생백신이라서 오랫동안 효과가 있다.

홍역 예방접종은 생후 12~15개월에 첫 접종을 하고, 4~6세에 재접종을 실시한다. 다만, 부스터 효과를 기대할 수 없는 요즘에는 홍역 백신을 2회 접종해도 완전히 예방한다는 보장이 없다. 평상시 아이 면역력을 높이고 홍역이 잘 발생하는 겨울철 집 안의 습도를 적절히 유지하면 예방에 도움이 된다.

 풍진
백신

풍진은 풍진 바이러스 감염에 의한 병으로, 발열과 발진이 생긴다는 점에서 홍역과 비슷하다. 하지만 풍진으로 생긴 발열과 발진은 홍역보다 증상이 가볍고 단기간에 낫기 때문에 '3일 홍역'이라고도 불린다.

풍진은 비교적 가벼운 병인데도 백신 접종으로 예방해야 한다고 홍보하고 있다. 그 이유는 임신부가 초기에 풍진에 걸리면 난청, 심장병, 백내장, 정신발달 지체, 뇌수막염 등의 장애를 가진, 이른바 '선천성 풍진증후군'에 걸린 아기가 태어날 가능성이 있기 때문이다. 임신

부에게는 매우 걱정스러운 일이 아닐 수 없다.

풍진 백신은 바이러스의 독성을 약화해서 만든 생백신이다. 홍역Measles, 볼거리Mumps, 풍진Rubella 을 동시에 예방하는 MMR 백신 접종을 통해 풍진을 예방할 수 있으며, 접종 대상은 모든 영유아 및 임신 전 가임기 여성이다. 아이는 1세와 초등학교 입학 전, 총 2회 접종을 하게 된다.

선천성 풍진증후군을 예방하기 위해 어릴 때 백신 접종을 하지만, 그럼에도 문제를 완전히 해결하기는 어렵다. 풍진도 홍역과 마찬가지로 옛날에는 한 번 걸리면 두 번 다시 걸리지 않는 병이었지만 지금은 상황이 달라졌다. 어릴 때 백신 접종으로 면역이 생겨도 주위에 풍진 바이러스가 적기 때문에 부스터 효과를 얻을 수 없고, 또 면역력도 시간이 갈수록 점점 저하된다. 이때 풍진 바이러스에 감염되면 발병한다.

임신하고 나서는 풍진 예방주사를 맞을 수 없다. 그러므로 임신 예정인 여성은 풍진에 대한 면역이 있는지를 검사하는 항체검사를 받고, 만일 항체가 불충분하다면 임신하기 전에 미리 백신 접종을 하는 것이 좋다. 또한 임신 초기 여성 및 면역성이 없는 가임 여성은 되도록 환자와의 접촉을 피하도록 한다.

B형 간염 백신

B형 간염은 B형 간염 바이러스에 감염되어 발생하는 간의 염증성 질환이다. B형 간염에 걸리면 만성간염부터 간경변증, 나아가 간암까지 유발할 수 있다.

감염 경로는 주로 B형 간염 바이러스에 감염된 혈액의 수혈, 감염된 혈액으로 만들어진 혈액제제 사용, 감염자와의 성관계, 오염된 주사바늘이나 침, 문신 때 사용하는 바늘의 재사용 등이다. 전보다 줄기는 했지만, 아직도 우리 주변에는 B형 간염 보유자들이 많다.

2~3세의 영유아는 병원체에 대한 저항력이 없다. 따라서 감염되면 몸속에 침입한 B형 간염 바이러스를 물리칠 수 없기 때문에 만성간염으로 이어지기 쉽다. 유아기를 지나고 나서는 B형 간염 바이러스에 감염되어도 바이러스를 물리칠 수 있다.

한편, 엄마가 B형 간염 바이러스 보균자라면 아이에게 B형 간염 백신이 반드시 필요하다. 출산 과정에서 감염되어 아이가 보균자가 될 수 있기 때문이다.

그렇다면 어떻게 대처하면 좋을까? 보균자인 엄마에게 태어난 아기는 백신만으로 감염을 예방할 수 없다. 모자간 수직감염을 막기 위해서는 우선 생후 12시간 이내에 B형 간염 면역글로불린을 주사하고, 한 달 뒤 B형 간염 백신을 접종한다. 또한 생후 9~15개월에 항체

검사를 실시해 항체가 형성되지 않은 경우는 재접종을 실시한다.

이러한 대책은 상당히 효과적이어서 큰 성과를 거두었다. B형 간염 보균자인 엄마에게 태어난 아기가 보균자가 되는 것을 확실히 막을 수 있었을 뿐 아니라 B형 간염 바이러스 보균자 수도 대폭 감소했다.

BCG
백신

BCG 백신은 결핵을 예방하고자 소의 결핵균을 약독화해 만든 생백신이다. B는 바실루스Bacille라는 세균 이름이고, C와 G는 이 균을 연구한 세균학자 칼메트Calmette와 게랭Guerin의 이름이다. 결핵을 예방하는 백신이긴 하지만, 결핵에 걸리는 것을 막아준다기보다는 결핵이 몸에 퍼지는 것을 막아준다는 게 더 정확하다.

결핵은 일본에서 오래전부터 널리 퍼진 병이다. 에도시대 때는 걸리면 죽는 병으로 치부될 만큼 악명이 높았다. 1935년부터 1950년까지 15년간 사망원인 1위를 독점했고, 1940년에는 인구 10만 명당 212.9명이 결핵으로 사망했다.

하지만 1945년 이후 스트렙토마이신 등의 항생물질이 발견되면서 결핵은 완치할 수 있는 병이 되었다. 항생제, BCG 접종에 의한 예방

효과, 여기에 영양 상태와 환경위생이 현격히 개선됨에 따라 결핵 사망자는 계속 감소했고, 2017년에는 사망률이 인구 10만 명당 1.8명 수준으로 떨어졌다. 사망원인 순위는 30위로, 결핵은 더이상 불치병이 아니다.

그런데 BCG 백신의 결핵 예방에 대한 효용성은 아직 논란이 있다. 일반적으로 결핵 감염 위험률이 0.1% 이하인 경우에는 BCG 접종의 득과 실이 상쇄되는 것으로 알려져 있어서다. 이 때문에 BCG 백신은 주로 결핵 감염 위험률이 높은 나라에서 접종을 시행하고 있다. 참고로 미국은 요즘 결핵 발생률이 줄어 BCG 접종을 하지 않는다.

일본에서는 서구 국가들에 비해 결핵 발병률이 2~3배 높다는 이유로 영유아 BCG 접종이 권장되고 있다. 이 이유는 타당할까?

결핵에 걸리는 사람은 주로 고령자이다. 이들은 젊었을 때 결핵에 걸렸지만 발병하지 않았다가 나이가 들면서 면역력이 떨어져 결핵이 발병한 것이다. 이런 고령자가 결핵균을 방출할 가능성이 있다.

나는 가족 중 고령자가 있거나 결핵균을 배출하는 결핵 환자가 있는 경우에는 당연히 아이에게 BCG 접종을 해야 하지만, 그렇지 않은 경우에는 재고의 여지가 있다고 생각한다.

DPT
백신

DPT 백신은 디프테리아Diphtheria, 백일해Pertussis, 파상풍 Tetanus을 예방하는 3종 혼합백신이다. 최근 여기에 폴리오까지 더해서 **4종 혼합백신**DPT-IPV이 되었다. 4종 모두 개별 백신으로 개발되었지만 각각 따로 주사를 맞으면 접종 횟수가 많아진다는 이유로 한데 모아서 접종하고 있다.

DPT는 모두 세균이 일으키는 전신성 질병으로 과거에 많은 사망자를 냈지만 지금은 죽음에 이를 정도의 병은 아니다. 영국에서 백일해로 인한 15세 이하 아동의 사망률은 극적으로 감소했고, 그 이유가 영양 상태 개선과 환경위생의 향상이라는 점은 이미 설명했다. 일본에서도 백일해 환자가 나오긴 하지만, 2013~2015년까지 3년간 사망자는 매해 한 명씩이었다.[8]

디프테리아는 디프테리아균이 내는 독소에 의한 병으로, 증상은 목의 통증과 발열이다. 과거 일본에서는 8만 명 이상의 환자가 나온 적이 있고 사망률도 꽤 높아서 두려움의 대상이었지만, 오늘날에는 치료하면 낫는 병이다. 1999년 이후부터는 발병자가 나오지 않고 있다.

백일해는 보르데텔라 백일해균 감염으로 발생하는 호흡기질환으로, 발작이나 구토 등의 증상이 동반된 특징적인 기침 양상을 보인다.

연령이 어릴수록 사망률이 높아서 1세 미만의 사망률이 가장 높으나, 현재는 발생이 현저히 감소했다.

파상풍은 파상풍균이 만들어내는 독소로 인해 온몸에 경련이 일어나고 마비가 오는 감염성질환이다. 주로 상처 부위를 통해 들어오는데, 과거에는 사망률이 높았기 때문에 상당히 무서운 병이었다. 그러다 1968년부터 3종 혼합백신 접종이 시작되었고, 이후 일본에서 아이의 파상풍은 더이상 보고되지 않았다.

나는 이제 백일해, 디프테리아, 파상풍에 대한 백신 접종은 필수가 아니라고 생각한다. 만일 발병한다고 해도 백일해와 디프테리아는 항생제 복용으로, 파상풍은 면역글로불린 주사로 치료가 가능하기 때문이다.

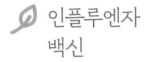

인플루엔자 백신

찬바람 부는 계절이 되면 정부도, 병원 의사도 모두 인플루엔자 백신 접종을 권한다. TV는 말할 것도 없고, 신문에서도 기사인지 홍보 글인지 구분할 수 없을 만큼 백신 접종을 권한다. 인플루엔자 백신은 정말로 매년 맞아야 하는 걸까?

사람들에게 '독감'으로 알려져 있는 인플루엔자는 A형 또는 B형 인플루엔자 바이러스에 의해 발생되는 호흡기질환이다. 전염성이 높은 데다 유전자 변이가 잘 일어나서 매년 겨울철만 되면 인구의 10~20%에서 인플루엔자가 발생하는 것이 특징이다. 일반적인 감기 증상과 매우 유사하기 때문에 혼동하기 쉽지만, 둘은 엄연히 다른 질환이다.

미국 질병통제예방센터가 2015년 10월 4일부터 2016년 2월 6일까지 4개월에 걸쳐 미국 전역에서 인플루엔자 발생상황과 원인을 조사한 결과 뜻밖의 사실을 발견했다.[9] 인플루엔자 시즌에 사람들이 경험한 호흡기계 질병의 원인은 A형이나 B형 인플루엔자 바이러스가 아닌, 다른 바이러스와 세균에 기인했다는 점이다.

미국 전역의 환자 호흡기에서 채취한 27만 9,056건의 시료를 6만 2,016군데 연구실에서 조사한 결과 인플루엔자 바이러스 양성은 7,966건인 2.9%에 불과했으며, 2월 6일(다섯째 주) 조사에서 1만 7,175건의 시료 중 양성은 1,563건인 9.1%였다. 9.1%의 바이러스 양성 중에서는 A형 바이러스가 72.6%(1,135건)를 차지했고, B형 바이러스가 27.4%(428건) 비중을 차지했다. 도표5-5

요컨대 목 통증, 두통, 피로, 미열, 관절통, 기침 등의 증상이 있으면 우리는 대개 인플루엔자 바이러스가 원인이라고 생각하기 쉽지만, 실제로는 10%에 미치지 못한다는 결론이다. 즉, 90% 이상은 인플루엔자 바이러스가 원인이 아니었다.

겨울철 호흡기질환을 예방하려는 목적으로 인플루엔자 백신을 맞

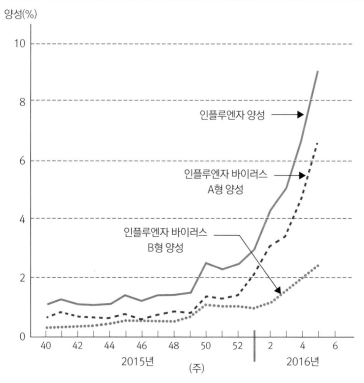

양성(%)

인플루엔자 양성

인플루엔자 바이러스
A형 양성

인플루엔자 바이러스
B형 양성

40   42   44   46   48   50   52   2   4   6

2015년   (주)   2016년

출전 : CDC.gov, Feb. 19, 2016. Update: Influenza Activity-United States Oct. 4, 2015-Feb. 6, 2016

아도 얼마든지 감기나 다른 호흡기질환에 걸릴 수 있다. 인플루엔자
와 관계없는 다른 바이러스나 세균의 호흡기계 감염이 원인이지만
인플루엔자와 증상이 비슷한 질환을 '인플루엔자 유사질환Influenza-like
Illness'이라고 부른다.[10]

인플루엔자 백신은 얼마나 효과가 있을까

홍역, 천연두, 폴리오는 유전자 변이가 일어나지 않는 바이러스이기 때문에 백신 접종이 감염증 예방에 효과적이다. 하지만 인플루엔자 바이러스는 이들과 완전히 다르다. 인플루엔자 바이러스는 사람뿐만 아니라 새, 말, 돼지 등 많은 동물도 감염된다. 게다가 맹렬한 속도로 변신을 거듭한다. 그런 바이러스에 유효한 백신을 만든다는 것은 원리적으로 무리가 아닐까 생각된다.

이렇게 결론짓는 이유를 조금 더 상세하게 설명하면, 일반적으로 백신은 다음 시즌의 유행주를 예측해서 만든다. 그런데 이 예측이 주식을 사고파는 사람들의 예상처럼 빈번하게 어긋난다. 그 이유는 무엇일까? 백신을 만드는 과정을 보면 이해할 수 있다.

우선 세계 각지에 설치된 관측지점에서 인플루엔자 샘플을 모아 분석하고 다음 시즌에 유행할 법한 유행주를 예측한 뒤 이를 토대로 A형 두 종류(H1N1소련형, H3N2홍콩형)와 B형 한 종류를 섞는다. 유행주 결정에서 백신 제작까지는 적어도 6개월이 걸린다. 그런데 이 사이에 인플루엔자 바이러스가 계속 변이한다. 예측을 토대로 제작한 백신은 당연히 효과를 100% 장담할 수 없다.

백신 접종의 총본산인 미국 질병통제예방센터가 인플루엔자 백신의 효과를 조사해 발표했다.[11] 이에 따르면 2004~2018년 가운데 절반 이상의 기간에서 백신 효과는 50% 이하로 나타났다. 사실 보고된 백신의 효과는 실제보다 높은 수치였다. 인플루엔자를 예방하는 효과를 조사한 것이 아니라 혈중 항체가가 높아진 것을 '효과가 있다'로 판단했기 때문이다.

그런 상황에서 예측한 바이러스가 운 좋게 맞았던 해조차 인플루엔자 백신의 효과는 40~60%로 추정된다.[11] 이 말은 결국 백신을 맞아도 인플루엔자에 걸릴 확률이 적으면 40%, 많으면 60%라는 의미다. 백신을 맞든 안 맞든 거의 반반인 셈이다.

백신을 맞을수록 인플루엔자에 더 잘 걸린다?

인플루엔자 백신 효과가 썩 훌륭하지 않은데도 정부는 매년 겨울이 되면 인플루엔자 백신 접종을 권한다. 인플루엔자를 예방하는 데 백신 접종이 최선일까?

면역반응은 개인차가 클 뿐 아니라 많은 요인, 예를 들면 생애 최초로 인플루엔자 바이러스를 접촉한 나이에 따라서도 좌우된다. 이 접촉으로 면역계의 대응이 달라질 수 있다. 만약 생애 최초로 접한 인플루엔자 바이러스가 백신에 의한 바이러스라면 어떤 식으로 영향을 미칠까? 아직 아무도 자신 있게 대답할 수 없다.

미국 메이오클리닉의 애브니 조시 박사는 매년 인플루엔자 백신을 접종한 어린이의 면역력이 저하된다는 연구결과를 발표했다.[12] 생후 6개월부터 18세까지 263명의 유아와 청소년을 대상으로 1996년부터 2006년까지 인플루엔자 백신 접종 유무와 입원 유무를 조사했다. 그 결과, 백신을 접종한 아이가 접종하지 않은 아이보다 인플루엔자에 걸려 입원할 위험이 3배 상승한 것을 확인했다.

그런가 하면, 마스필드임상시험센터의 호안 매클레인 박사는 9세 이상을 대상으로 인플루엔자 백신을 여러 차례 맞았을 때의 효과를 보고했다.[13] 그 결과 인플루엔자에 대한 저항력은 과거 5년 동안 인플루엔자 백신을 맞지 않았던 사람이 가장 높다는 사실이 밝혀졌다. 백신을 맞을수록 면역력이 저하되고 인플루엔자에 더 잘 걸린다는 것이다.

홍역과 풍진 백신은 생백신이지만 인플루엔자 백신은 불활성화 백신이다. 이것 또한 인플루엔자 백신의 효과를 떨어뜨리는 한 요인이다. 불활성화 백신은 몸속에서 바이러스가 증식하지 않도록 포르말린으로 처리한 사백신이다. 그렇기 때문에 이 백신을 접종해서 체내에서 만들어진 항체는 오래가지 못한다.

더욱이 일본의 인플루엔자 백신은 죽은 바이러스 전체를 사용하는 것이 아니라 바이러스의 표면에 붙어 있는 단백질을 모은 컴포넌트백신이다. 과거에는 일본에서도 죽은 바이러스 전체를 사용했는데 부작용이 많았던 탓에 현재는 단백질만을 모아 백신을 제조한다.

따라서 운 좋게 예측한 유행주가 맞은 해에 인플루엔자 백신을 맞았다 해도 바이러스의 단백질만을 붙잡는 짧은 기간만 유효한 항체가 생긴다. 하지만 이 항체는 변이 바이러스에는 효과가 없다.

바이러스를 불활성화하기 위해 사용되는 포르말린, 백신의 부패 방지를 위한 유기수은화합물인 티메로살의 부작용도 있다. 드물게 운동신경에 문제가 생겨 손발에 힘이 들어가지 않는 길랭-바레증후군이 발병할 수 있다.

비용도 들고 효과도 100%가 아니며, 부작용도 존재하는 인플루엔자 백신을 굳이 매년 고집할 필요가 있을까? 그보다는 겨울철 체온 관리에 신경 쓰고, 마스크를 쓰거나 자주 손을 씻고, 손으로 눈, 코, 입 등을 만지지 않는 등 개인위생에 신경 쓰는 게 더 확실하다.

나는 고령의 노인이나 만성질환자처럼 특정 질환이 악화될 우려가 없는 건강한 성인과 아이라면 매년 백신을 맞지 않고 자연스럽게 항체를 만드는 편이 낫다고 생각한다.

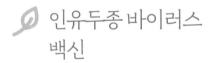

인유두종 바이러스 백신

성행위를 통해 감염되는 질환을 가리켜 '성감염증STD'이라고 한다. 성감염증 중에서는 인유두종 바이러스HPV 감염증이 가장 보편적이며, 성기 사마귀나 자궁경부암 등의 원인이 된다고 알려져 있다.

인유두종 바이러스의 종류는 100가지가 넘는데, 이 가운데 HPV-16과 HPV-18이 자궁경부암 환자의 70%에서 발견되었다. 이러한 결과를 빌어 백신 제조관계자(제약회사)는 HPV-16과 HPV-18에 대한 백신을 접종하면 자궁경부암을 예방할 수 있다고 주장하면서 가다실(머크 사)과 서바릭스(GSK 사)라는 백신을 만들어 팔기 시작했다. 하지만 2003년 3월, 미국 FDA는 이렇게 공표했다.

'인유두종 바이러스 감염증은 자궁경부암의 원인이 아니다. HPV에 감염되어도 90% 이상은 면역체계에 의해 바이러스가 제거되었고, 10%의 사람이 지속적으로 감염되었다. 이것이 발암 요인이 될지도 모른다.'

애초에 자궁경부암 예방을 위한 백신 접종이라는 말은 근거가 희박하다. 그런데도 제약회사의 적극적인 홍보와 집요한 로비활동으로 두 백신은 FDA에서 승인을 받았고, 현재 전 세계 100개 국 이상에서 판매되고 있다.

HPV 백신은 총 3회 접종을 해야 하고, 약 5만 엔의 비용이 든다. 일본에서는 2010년부터 국가 차원에서 지원이 시작되었는데 접종 희망자는 소수에 불과했다. 그래서 2013년 4월, 초등학교 6학년부터 고등학교 1학년 여학생을 대상으로 무료접종을 시행했다.

이렇게 해서 HPV 백신의 정기 접종이 시작되었다. 하지만 곧 부작용 사례가 보고되기 시작했다. 팔이 붉게 붓고 들어올릴 수 없는 증상에서부터 접종 부위 통증, 손발 마비, 두통, 심한 구역질, 실신까지 부작용이 많이 발생했다.

전국에서 백신 접종 중지를 요구하는 목소리가 커졌고, 후생노동성은 HPV 백신 접종에 의한 부작용과 발생 빈도에 대해 국민에게 제대로 설명할 수 있을 때까지 '접종을 적극적으로 권장하지 않는다'고 결론지었다. 접종 시작일로부터 불과 75일 만에 평가가 180도 전환된 것이다.

백신 제조회사의 수상한 거짓말

나는 가다실과 서바릭스에 대한 효과를 알기 위해 논문을 검토하다가 어딘가 이상한 점을 발견했다.

백신 접종으로 영구 장애, 신경계 장애, 심하면 사망에 이르는 부작용이 나타났지만 국가나 제약회사, 연구소 등 어디에서도 진실을 추구하는 자세는 찾아볼 수 없었다는 점이다. 솔직히 말하면 HPV 백신 사례를 통해 백신 시스템 전체에 만연한 부정한 모습을 엿보았다고나 할까.

미국 질병통제예방센터와 미국질병관리본부 이상반응 신고시스템 VAERS[14] 의 데이터베이스에 보고된 '2006년 세계 각국에서 발매된 가다실을 접종한 소녀들의 부작용' 자료에 따르면, 2012년 11월까지 이상반응은 2만 7,485건이 발생했고 121명이 사망했다. 그중에는 11세 소녀도 포함되었다.[15] 그리고 2013년 12월까지는 이상반응이 3만 건, 사망자는 150명 이상이었다. 백신 부작용은 지극히 일부 의사들에 의해 보고되어 VAERS 데이터베이스에 등록되었는데, 불행하게도 대부분의 미국 부모들은 부작용을 보고하는 제도가 존재한다는 사실조차 몰랐다.

부작용은 서바릭스보다 가다실이 더 많았다. 앞에서 언급한 것 이외에 지금까지 많은 증상이 보고되었다. 복통, 경련, 관절염, 불면, 아나필락시스, 근육마비, 횡단성 척수염, 다발성경화증, 급성 파종성 뇌척수염ADEM, 운동실조증, 상완 신경총염, 시력상실, 안면마비, 심부정맥혈전증, 폐색전증, 만성피로증후군, 실명, 췌장염, 실어증, 기억상실 등 다양하다.

머크 사는 가다실을 발매할 때 '암을 예방하는 최초의 백신'이라고 이름 붙여 대대적으로 홍보했다. 언론을 통해 자궁경부암의 위험성을 과도하게 보도하여 놀란 여성들의 공포심을 부채질했다. 일반적으로 백신과 약은 수년에 걸쳐 임상시험을 한 후 그 결과에 따라 FDA의 승인을 받는 법인데, 가다실은 우선권이 부여되어 6개월의 임상시험만으로 끝났다.

마케팅 활동이 과하다고 비판받자 머크 사는 사람들에게 HPV를 알리기 위한 홍보일 뿐 백신 판매를 목적으로 한 것이 아니라고 항변했다. 하지만 거짓말은 곧 들통이 났다. FDA 승인 전에 머크 사가 미국 50개 주에서 가다실 접종 의무화를 목적으로 로비를 벌인 사실이 발각된 것이다.

미국은 자궁경부 세포검사(PAP테스트)를 도입하여 자궁경부암 발생 건수가 연간 2,000건으로 약 80%나 낮아졌다. 또한 대부분의

HPV 감염은 자연스럽게 낫는다. 그럼에도 11~26세 여성에게 가다실 백신을 의무접종 하기 위한 노력을 멈추지 않았다. 병원뿐 아니라 학교나 대학에서도 부모와 딸에게 백신 접종에 대한 압력을 계속 가하고 있다. 심지어 일부 의사는 접종을 피하는 부모에게 당당히 진료를 거부하는 데 이르렀다.

미국에서는 백신 접종 시 사전동의 절차가 없다. 이로 인해 가다실 백신 접종이 어떤 위험성을 내포하고 있는지 아무 정보도 얻지 못한 채 접종되고 있다. 설령 부작용이 있어도 보고할 의무는 없다. 따라서 VAERS의 데이터베이스에 등록된 백신의 부작용은 전체의 10% 이하, 혹은 1%로 추정된다.[16] 백신의 부작용이 작지 않지만 극단적으로 축소되고 있다는 뜻이다.

중학교 1학년 여학생인 알렉스 울프도 그러한 부작용으로 피해를 입은 경우다. 알렉스는 1형 당뇨병 환자로서 인슐린 주사로 순조롭게 혈당 조절이 가능했다. 학업도 우수했던 알렉스는 여름방학을 맞아 조부모가 사는 독일을 방문할 계획을 세웠다. 당뇨병 관리가 잘 되고 있었기 때문에 주치의도 혼자 독일을 여행하는 것에 문제없다고 확신했다.

알렉스는 여행 전 주치의의 권유로 가다실을 1차 접종했다. 그런데 무탈하게 여행을 마치고 귀국한 알렉스를 본 엄마는 딸이 어딘가 조금 달라진 느낌이 들었다. 얼마 후 알렉스는 가다실 2차 접종을 했고, 그 직후 알렉스의 성격은 완전히 바뀌었다.

비교적 부끄러움을 많이 타던 알렉스는 갑자기 외향적인 모습을 드러내며 다른 사람과의 스킨십을 아무렇지도 않게 했다. 또 툭하면 짜증을 내고 식욕을 제어하지 못했다. 하루에 시도 때도 없이 구토를 하는 등 당뇨병 상태도 점점 악화되었다.

걱정이 된 엄마는 알렉스를 내분비과, 심장내과, 소화기내과 등 많은 병원에 데리고 다니며 진단을 받고 조언을 구했다. 하지만 하나도 도움이 되지 않았다. 극심한 불면증과 과식 탓에 등교도 불가능해졌다. 그리고 2008년 1월, 가다실을 3차 접종했다. 그 후 2주가 못 돼서 입원했다. 양극성 장애 진단을 받고 향정신성 약을 처방받게 될 때까지 상태는 계속 더 나빠졌다.

엄마는 알렉스에게 정신적인 문제가 있다고 믿지 않았다. 분명히 다른 원인이 있을 것이라고 생각했다. 몇 개월 동안 알렉스는 병원들을 전전하며 입원과 퇴원을 반복했지만 증상은 나아지지 않았다. 그리고 마침내 한 의사가 그때까지 전혀 알아차리지 못한 경련 증상이 있다는 사실을 발견했다.

서둘러 뇌파, MRI, 뇌척수액 검사를 한 후에 의사가 내린 결론은 '뇌염, 외상성 뇌 손상, 경련 장애'였다. 왜 이와 같은 일이 벌어졌을까? 알렉스 엄마는 한 가지 결론을 내렸다.

알렉스는 가다실을 접종하기 전에는 아무 문제가 없었는데 접종 후에 증상이 나타났고, 또 추가 접종을 할 때마다 증상이 더 나빠졌다. 가다실이 알렉스의 뇌에 손상을 준 것이다.

인유두종 바이러스는 암을 유발하지 않는다

백신 접종을 고려할 때 이점이 무엇인지, 이점은 위험성보다 큰 것인지 꼼꼼히 따져봐야 한다고 누차 강조했다. 장점과 단점을 비교하면 접종할지 말지를 판단할 수 있다.

그런데 일반인이 이것을 판단하기란 어렵기도 해서 의료종사자를 믿고 따를 수밖에 없는데, 유감스럽게도 의료종사자는 백신 제조회사에서 제공하는 정보를 읽고 그대로 믿는 경향이 있다. 게다가 이 정보에는 단점(위험성)을 충분히 밝히지 않기 때문에 환자에게 적절한 조언을 하기도 어렵다.

사실 모든 여성이 평생에 한 번은 HPV에 감염된다고 한다. 머크 사는 90%의 HPV는 질환을 일으키지 않으며 치료할 필요 없이 그대로 내버려두면 2년 이내에 자연치유가 된다는 명백한 사실을 감추고 있다.[17]

더 놀라운 것은, 가다실의 효과를 조사하는 임상시험에서 정작 암 예방이 확인된 것은 하나도 없다는 사실이다. 자궁경부암이 발생하는 데 20~40년이 걸리는데 연구는 5년 만에 중단되었다. 이래서는 실제로 암이 발생하는지 여부를 확인할 수 없다. 그래서 머크 사 연구자는 암 발생을 확인하는 대신 이상세포가 발견되면 암이 발생했다고 설정했다. 이를 '대용 엔드 포인트'라고 한다.

그런데 그들이 대용 엔드 포인트로 선택한 자궁경부의 이상세포가 최종적으로 암이 된다는 증거는 어디에도 없다. 그럼에도 그들은 이 가설을 채용했다. 머크 사는 가다실 효과에 대한 전제가 추측에 근거하고 있다는 사실을 전혀 밝히지 않고 있다. 실제로 모든 경우는 아니라고 해도 자궁경부에 보이는 이상세포의 대부분은 자연적으로 치유가 된다.[17]

머크 사는 엄마와 딸에게 가다실을 접종하도록 권한다. 그런데 가다실의 유효기간은 5년 정도다.[18] 예를 들어 11세 소녀가 가다실을 접종했다고 하자. 16세가 될 때면 이미 효과가 없어진다. 이 같은 정보는 매우 중요한데, 머크 사는 일부러 알리지 않는다. 백신이 5년밖에 유효하지 않다는 것을 안다면 백신을 맞지 않을지도 모른다.

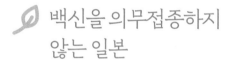

백신을 의무접종하지 않는 일본

미국은 국민에게 백신 접종을 의무화함으로써 국민건강 증진을 목표로 내걸었다. 같은 목적으로 일본은 국민에게 백신 접종을 의무화했지만, 다시 1994년에 의무가 아닌 개인의 자유 선택에 맡겼다.

백신 접종이 자유로운 나라와 자유롭지 않은 나라 중 과연 어느 국민이 더 건강할까?

일본은 자타 공인 세계에서 가장 장수하는 나라이자 유아 사망률도 가장 낮은 나라다. 2017년 출생 수 1,000명당 유아 사망률은 1.9명이다. 반면, 미국은 유아 사망률이 5.7명으로 일본보다 3배나 더 높다.[19]

나는 1994년에 백신 접종의 자유를 얻은 게 일본 국민의 장수와 건강에 큰 기여를 했다고 생각한다. 이 자유를 소중히 여겨야 한다. 왜냐하면 많은 대가를 지불하고 힘든 시간을 겪으며 획득한 권리이기 때문이다.

많은 아이가 백신의 부작용에 고통스러워하며 죽었다. 이 괴로운 경험을 통해 일본인은 과도한 백신 접종의 위험성에 대해 제대로 배웠고, MMR(홍역·볼거리·풍진 3종 혼합백신) 접종에 반대하는 의견을 적극 내기도 했다. 이런 이유로 일본 정부는 1993년에 MMR을 백신 프로그램에서 없앴고, 백신 접종도 개인의 선택으로 돌렸다. 아이들이 고통을 겪고 건강상 심각한 피해를 본다는 점에서 백신 접종의 단점은 장점을 넘어선다고 과감히 결단했다.

백신 접종, 똑똑하게 따지고 선택하자

미국에서는 0~5세까지 총 38회의 백신 접종이 의무화되어 있다. 그런데 2016년에 3~17세 아이의 2.76%가 '자폐 스펙트럼 장애' 진단을 받았다고 보고된 바 있다.[20] 자폐 스펙트럼 장애는 자폐증, 아스퍼거장애와 달리 분류되지 않는 광범위성 장애 등을 포함한다. 남자아이는 이보다 더 높은 수치가 나왔다.

이를 두고 일부에서는 과도한 백신 접종이 미국 아이들에게 자폐증을 폭발적으로 증가시키는 요인이 된다고 지적한다. 물론 백신을 믿는 사람들의 반대 의견도 만만치 않다.

여러 백신 중 특히 MMR 백신은 수년에 걸쳐 논쟁을 거듭했다. 가장 큰 논란이 된 것은 자폐증과의 관계다. MMR 백신이 자폐증을 유발한다는 비난과 그렇지 않다는 의견은 계속 대립 중이다.

일본에서 MMR 백신은 1989년 4월에 도입되었다. 백신 접종을 시작하자마자 부작용 사례가 발생했는데, 마에바시 의사회는 고열이 나는 아기가 많다는 점을 알아챘다. 나중에 밝혀진 사실이었지만 고열은 백신 접종 때문에 생긴 무균성 수막염에 의한 증상이었다. 마에바시 의사회가 추적조사를 한 결과 무균성 뇌수막염 발생은 184명 중 한 명이었다. 접종을 시작한 지 2개월 후인 1989년 6월, 독자적인 판단으로 접종을 중지했다.

후생성은 '무균성 뇌수막염은 10~20만 명 중 한 명이 발병한 것으로, 후유증을 남길 정도는 아니다'라고 주장하며 의사회 보고를 부정하고 백신 접종을 권유했다. 하지만 실제로는 무균성 뇌수막염 발병이 이보다 훨씬 많았다고 한다.

MMR 백신에 의한 부작용이 표면화되자 후생성은 1989년 12월 28일, 각 지역에 '보호자가 희망하는 경우에만 MMR 백신을 접종할 것'이라고 공지했다. 그때까지 실시한 강제적인 접종을 철회한 것이다. 그럼에도 183만 명이 MMR 백신을 접종했고, 그중 1,754명의 아기가 무균성 뇌수막염을 앓았다. 1993년 4월까지 4년간 접종을 강행했는데 이 기간에 발생한 피해자는 후생성에 보고된 것만 해도 사망자 5명을 포함하여 1,762명이나 되었다.

마침내 1994년 예방접종법이 개정되어 백신은 강제접종에서 희망자만 접종하는 제도로 바뀌었다. 일본의 백신 정책은 이렇게 역사적으로 전환했다.

나는 백신을 개인의 선택에 맡기는 나라가 세계에서 가장 건강한 나라라고 생각한다. 모두가 맞는다고 해서 무조건 맞을 게 아니라 장점이 많을 때 접종 여부를 결정하는 게 현명하다고 생각한다. 획일적이며 비판할 수 없는 나라는 건강하지 않다고 생각한다.

- 백신은 특정 감염증 예방에 효과적이다. 백신 접종을 고려할 때는 이점이 무엇인지, 이점은 위험성보다 큰 것인지 잘 따져야 한다.
- 백신에 들어 있는 티메로살(에틸수은)은 인체에 유독하다. 애주번트로 사용되는 알루미늄화합물은 아이 뇌에 손상을 끼칠 가능성이 지적되고 있다.
- 홍역 백신을 맞아도 가끔 홍역에 걸리는 경우가 있다. 한 번 홍역에 걸려 저절로 회복하면 홍역에 대한 강한 면역력을 얻을 수 있다.
- 풍진 백신은 임신 예정인 여성만, B형 간염 백신이나 BCG 백신은 꼭 필요한 대상자만 접종하면 된다.
- 인플루엔자 백신으로 인플루엔자를 예방할 수 있는 확률은 예측한 바이러스의 유형이 운 좋게 맞은 해에도 40~60%이다.
- 부작용이 있고 유효기간도 짧은 인유두종 바이러스(HPV) 백신은 접종할 필요 없다.

참고 문헌 & 각주

제1장　아이의 뇌는 유전이 아니라 음식이 결정한다

1 CDC.gov Exposome and Exposomics. https://www.cdc.gov/niosh/topics/exposome/
2 언어성 지능지수는 주로 지식을 묻는 검사로 측정하며 교육이나 환경의 영향이 크다. 비언어성 지능지수는 감각, 공간성, 창의성, 이미지와 관련된 검사로 측정하며 개인의 능력을 더 정확하게 나타낸다고 알려져 있다.
3 D. Benton and G. Roberts, Effect of vitamin and mineral supplementation on intelligence of school children, Lancet vol.1(8578) 140-143(1988).
4 LJ. Whalley et al., Cognitive aging, childhood intelligence, and the use of food supplements: possible involvement of n-3 fatty acids. Am J Clin Nutr. 2004 Dec; 80 (6): 1650-7.
5 BR. Stitt, Food & Behavior, Natural connection.

제2장　아이 두뇌를 건강하고 똑똑하게 발달시키는 음식

1 https://ja.wikipedia.org/wiki/%E8%84%B3%E5%BC%96%E6%8C%87%E6%95%B0#cite_note-RD-3 주요 동물의 감성지수(EQ)가 실려 있다.
2 지질은 지방이나 기름, 콜레스테롤의 총칭이다. 지질 가운데 실온에서 고체 상태인 것을 '지방', 액체 상태인 것을 '기름(또는 유지)'이라고 부른다.
3 G. Winocur, C.E. Greenwood, High-fat diets impair conditional discrimination learning in rats, Psychobiology, December 1993, Volume 21, Issue 4, p 286-292.
4 P. Willatts et al., Effect of long-chain polyunsaturated fatty acids in infant formula on problem solving at 10 months of age, Lancet 352, 688-691 (1998).
5 IB. Helland et al., Maternal supplementation with very-long-chain n-3 fatty acids during pregnancy and lactation augments children's IQ at 4 years of age, Pediatrics vol. 111, 39-44 (2003).
6 LJ. Stevens et al., Essential fatty acids metabolism in boys with attention-deficit hyperactivity disorder. Am J Clin Nutr. 1995 Oct; 62 (4): 761-8.
7 A. Richardson and B. Puri, A randomized double-blind, placebo-controlled study of the effects of supplementation with highly unsaturated fatty acids on ADHD-related symptoms in children with specific learning difficulties, Prog. Neuropsychopharmacol. Biol. Psychiatry, Vol 26 (2), 233-9 (2002).
8 JP. Jones et al., Choline availability to the developing rat fetus alters adult hippocampal

long-term potentiation. Brain Res Dev Brain Res. 1999 Dec 10; 118 (1-2): 159-67.

9 R. Alfin-Slater, reported at the international Congress of Nutrition in Kyoto, Japan, 1975.

10 옥수수 시럽은 옥수수전분을 효소나 산으로 분해한 당액으로, 포도당의 비율이 과당보다 높다. 액상과당은 옥수수전분을 효소로 분해해서 생긴 당액으로 이성화당이라고 한다. 과당의 비율이 포도당보다 높다.

11 KA. Wesnes et al., Breakfast reduces declines in attention and memory over the morning in schoolchildren, Appetite, 41, pp 329-331 (2003).

12 A. Lucas et al., Randomized trial of early diet in preterm babies and later intelligence quotient. BMJ. 1998 Nov 28; 317(7171): 1481-1487.

13 AK. Borjel, T. Nilsson PLASMA HOMOCYSTEINE LEVELS, MTHFR POLYMORPHISMN 677C)T,1298A)C,1793G)A, AND SCHOOL ACHIEVEMENT IN A POPULATION SAMPLE OF SWEDISH CHILDREN, Haematologica Reports 1, no 3 (2005).

14 MW. Louwman et al., Signs of impaired cognitive function in adolescents with marginal cobalamin status. Am J Clin Nutr. 2000 Sep; 72 (3): 762-9.

15 J.M. Greenblatt et al., Folic acid in neurodevelopment and child psychiatry. Prog Neuropsychopharmacol Biol Psychiatry. 1994 Jul; 18 (4): 647-60.

16 RR. Briefel et al., Zinc intake of the U.S. population: findings from the third National Health and Nutrition Examination Survey, 1988-1994. J Nutr. 2000 May; 130 (5S Suppl): 1367S-73S.

17 2015년 국민건강영양조사에서 식품군별 섭취량

18 J. Penland et al., Zinc Affects Cognition and Psychosocial Function of Middle-School Children. The FASEB Journal Conference: Experimental Biolog, April 2005.

제3장 아이 두뇌에 나쁜 영향을 미치는 음식

1 A. Schauss, Nutrition and Behavior, J. of Applied Nutrition, no1, 30-35 (1983).

2 많은 논문이 발표되었다. 그중 몇 개를 소개한다.
  공격적 행동 : D. Benton et al., Biological Psychology 14, nos 1-2, 129-135 (1982).
  불안 : M. Bruce and M. Lader, Psychological Medicine, 19, 211-214 (1989).
  과잉행동 : R. Printz and D. Riddle, Nutrition Review, 43, suppl, 151-158 (1986).
  우울 : L. Christensen, Journal of Applied Nutrition, 40, 44-50 (1988).
  학습장애 : M. Colgan and L. Colgan, Nutrition and Health 3 69-77 (1984).

3 SJ. Schoenthaler, The effect of sugar on the treatment and control of antisocial behavior: A double-blind study of an incarcerated juvenile population. International Journal of Bio-social Research, 3 (1), 1-9 (1982).

4 D. Benton et al., Mild hypoglycemia and Questionnaire measures of aggression, Biological Psychology 14 no 1-2, 129-135 (1982).

5 GA. Bray, Consumption of high-fructose corn syrup in beverages may play a role in the epidemic of obesity. The American Journal of Clinical Nutrition, Volume 79, Issue 4, 1 April 2004, Pages 537-543.

6 KL. Stanhope, PJ. Havel, Endocrine and metabolic effects of consuming beverages sweetened with fructose, glucose, sucrose, or high-fructose corn syrup. The American Journal of Clinical Nutrition, Volume 88, Issue 6, 1 December 2008.

7 KR. Tandel, Sugar substitutes: Health controversy over perceived benefits, J Pharmacol Pharmacother. 2011 Oct-Dec; 2 (4): 236-243. 인공감미료 안전성에 대한 논쟁의 총론. J. Mercola and K. Pearsall, Sweet Deception, Thomas Nelson, Inc. 2006.

8 JM. Price et al., Bladder tumors in rats fed cyclohexylamine or high doses of a mixture of cyclamate and saccharin. Science. 1970 Feb 20; 167 (3921): 1131-2. 사카린에 의해 쥐의 방광에 암이 발생했다는 논문.

9 RW. Morgan, O. Wong, A review of epidemiological studies on artificial sweeteners and bladder cancer. Food Chem Toxicol. 1985 Apr-May; 23 (4-5): 529-33. 사카린과 사람의 방광암은 관련이 없다는 논문.

10 ML. Karstadt, Testing Needed for Acesulfame Potassium, an Artificial Sweetener. Environ Health Perspect. 2006 Sep; 114 (9): A516. 발암성을 조사한 동물실험이 불충분하다는 논문.

11 NI. Ward et al., The influence of the chemical additive tartrazine on the zinc status of hyperactive children: A double-blind placebo-controlled study. J. Nutr. Med., pages 51-57, published online 13 July 2009.

12 B. Bateman et al., The effect of a double blind, placebo controlled, artificial food colorings and benzoate preservative challenge on hyperactivity in a general population sample of pre-school children, Archives of Disease in Childhood, 89, 506-511 (2004).

13 D. McCann et al., Food additives and hyperactive behavior in 3-year-old and 8/9-year-old children in the community: a randomized, double-blinded, placebo-controlled trial, Lancet, 370, 1560-1567 (2007).

14 K. Gilliland & D. Andress, Ad lib caffeine consumption, symptoms of caffeinism, and academic performance. The American Journal of Psychiatry, 138 (4), 512-514 (1981).

15 NJ. Richardson et al., Mood and performance effects of caffeine in relation to acute and chronic caffeine deprivation. Pharmacol Biochem Behav. 1995 Oct; 52 (2): 313-20.

16 AC. Granholm et al., Effects of a Saturated Fat and High Cholesterol Diet on Memory and Hippocampal Morphology in the Middle-Aged Rat, J Alzheimers Dis. 2008 June; 14 (2): 133-145.

17 BA. Golomb, A. K. Bui, Trans Fat Consumption and Memory, PLOS one A Fat to Forget: June

17, 2015.

18 농림수산성 홈페이지를 보면, '일본에서는 식품 속의 트랜스지방산에 대해 표시 의무나 농도에 관한 기준치가 없다'고 적혀 있다(2018년 12월 28일 기준).
   http://www.maff.go.jp/j/syouan/seisaku/trans_fat/t_wakaru/

19 CD. Gardner et al., Micronutrient quality of weight-loss diets that focus on macronutrients: results from the A TO Z study. Am. J. Clini. Nutr. 2010, 92, 304.

20 J. Mercola, Farmed salmon contaminated with toxic flame retardants, July 25, 2018.
   https://articles.mercola.com/sites/articles/archive/2018/07/25/farmed-salmon-contaminated-with-flame-retardants.aspx
   N. Daniel, Fillet-Oh-Fish, https://www.youtube.com/watch?v=Mxo6qmmwe-I
   https://artiles.mercola.com/site/articles/arhive/2018/03/24/why-farmed-salmon-are-toxic.aspx

21 RA. Hites et al., Global assessment of organic contaminants in farmed salmon. Science, 2004 Jan 9; 303 (5655): 226-9.

22 Wild vs Farmed Salmon: Which Type of Salmon Is Healthier?
   J. Leech, Health Line June 4, 2017.

23 Self Nutrition Data Wild Atlantic Salmon.
   http://nutritiondata.self.com/facts/finfish-and-shellfish-products/4102/2

24 Self Nutrition Data Farmed Atlantic Salmon.
   http://nutritiondata.self.com/facts/finfish-and-shellfish-products/4258/2

제4장 아이에게 약을 먹여도 괜찮을까

1 JE. Brody, FEVER: NEW VIEW STRESSES ITS HEALING BENEFITS, NY Times, DEC. 28, 1982.

2 Fever therapy revisited, U. Hobohm, Br. J. Cancer. 2005 Feb 14; 92 (3): 421-425

3 아세트아미노펜은 해열진통제로, 일본에서는 '카로날', 미국에서는 '타이레놀'이라는 상품명으로 판매되고 있다.

4 NSAIDs(비스테로이드성 항염증제)는 스테로이드가 아닌 항염증약의 총칭이다.
   NSAIDs는 소염, 진통, 해열 세 가지 작용을 한다. 대표적으로 아스피린, 디클로페낙, 메페남산, 이브프로펜, 록소프로펜, 인도메타신이 있다.
   N. Bakalar, Pain, Relievers Tied to Immediate Heart Risks, NY Times, May 9, 2017.

5 FDA Drug Safety Communication: FDA restricts use of prescription codeine pain and cough medicines and tramadol pain medicine in children; recommends against use in breastfeeding women. https://www.fda.gov/Drugs/DrugSafty/ucm549679.htm

6 M. Tashiro et al., Surveillance for neuraminidase-inhibitor-resistant influenza viruses in

Japan, 1996-2007. Antiviral Therapy 2009, 14, 751-761.

7 T. Jefferson et al., Neuraminidase inhibitors for preventing and treating influenza in adults and children, Cochrane Systematic Reivew - Intervention Version published: 10 April 2014.

8 '항인플루엔자 바이러스 약의 안전성에 대해서', 의약품·의료기기 등 안전성 정보 No.349, 2017년 12월.
https://www.mhlw.go.jp/file/06-Seisakujouhou-11120000-Iyakushokuhinkyoku/0000189771.pdf

9 아동을 대상으로 한 향정신약 처방의 연도별 추이에 관한 연구, 일반재단법인 의료경제연구·사회보험 복지협회, 오쿠무라 야스유키, 2015년 1월 13일.
https://www.ihep.jp/news/popup.php?seq_no=53

10 Julie Woodward Memorial, K. Caruso
http://www.suicide.org/memorials/julie-woodward.html
Suicide.org는 자살을 예방하기 위해 설립된 사이트다.

11 Matthew, aged 14, Brian, http://antidepaware.co.uk/mathew-aged-14/

12 http://antidepaware.co.uk/

13 A. Cipriani et al., Comparative efficacy and tolerability of antidepressants for major depressive disorder in children and adolescents: a network meta-analysis. Lancet, 388, ISSUE 10047, P881-890, August 27, 2016.
〈랜싯〉 논문을 바탕으로 한 사라 크냅튼의 기사는 〈텔레그래프(Telegraph)〉 지에 실려 있다.
S. Knapton, Antidepressant in young people may do more harm than good, warn scientists. The Telegraph, 8 June 2016.

14 T. Sharma et al., Suicidality and aggression during antidepressant treatment: systematic review and meta-analyses based on clinical study reports. BMJ 2016; 352. (Published 27 January 2016)
〈영국의학저널〉 논문을 바탕으로 한 사라 크냅튼의 기사는 〈텔레그래프〉 지에 실려 있다.
S. Knapton, Antidepressant can raise the risk of suicide, biggest ever review finds, The Telegraph, 27 January 2016.

15 KR. Urban and WJ. Gao, Performance enhancement at the cost of potential brain plasticity: neural ramifications of nootropic drugs in the healthy developing brain, Front Syst Neurosci. 2014; 8: 38.

제5장 아이에게 백신을 접종해도 괜찮을까

1 EH. Kass, Infectious Diseases and Social Change, The Journal of Infectious Diseases, Vol.123, No.18 (1971) 110-114, Oxford University Press.

2 JB. McKinlay, SM. McKinlay. The questionable contribution of medical measures to the decline of mortality in the 20th century. Milbank Memorial Fund Quarterly, Summer 1977, 405-428.

3 B. Guyer et al., Annual Summary of Vital Statistics: Trends in the Health of Americans During the 20th Century, Pediatrics, December 2000, VOLUME 106/ISSUE 6.

4 Dr. GreenMom, Vaccine Ingredients, a doctor's vision, a mother's love
http://www.drgreenmom.com/vaccines/vaccine-ingredients/ 2019년 1월 2일 열람.

5 L. Tomljenovic et al., Autism Spectrum Disorders and Aluminum Vaccine Adjuvants, Comprehensive Guide to Autism pp1585-1609. 자폐증과 알루미늄화합물의 관계성을 서술한 논문.
C. Exley, What is the risk of aluminium as a neurotoxin?
Expert Review of Neurotherapeutics, Volume 14, 2014-Issue 6, Pages 589-591. 알루미늄의 경 독성을 해설한 총론.
CA. Shaw et al., Administration of aluminium to neonatal mice in vaccine-relevant amounts is associated with adverse long term neurological outcomes. J Inorg Biochem. 2013 Nov; 128: 237-44. 알루미늄화합물을 주사한 쥐의 행동에 이상이 발생한 것을 밝힌 논문.
M. Mold et al., Aluminium in brain tissue in autism Journal of Trace Elements in Medicine and Biology, Volume 46, March 2018, Pages 76-82. 자폐증 환자의 뇌에 다량의 알루미늄이 축적되어 있음을 밝힌 논문.

6 MM. Ali et al., Locomotor and learning deficits in adult rats exposed to monosodium-L-glutamate during early life. Neurosci Lett. 2000 Apr 21; 284 (1-2): 57-60

7 DH. Allen et al., Monosodium L-glutamate-induced asthma. J Allergy Clin Immunol. 1987 Oct; 80 (4): 530-7.

8 https://www.mhlw.go.jp/file/05-Shingikai-10601000-Daijinkanboukouseikagakuka-Kouseikagakuka/0000184910.pdf 2019년 1월 1일 열람.

9 Morbidity and Mortality Weekly Report (MMWR)
CDC.gov, Feb. 19, 2016. Update: Influenza Activity-United States Oct. 4, 2015-Feb. 6, 2016.
https://www.cdc.gov/mmwr/volumes/65/wr/mm6506a3.htm?s_cid=mm6506a3_e
2019년 1월 1일 열람

10 J. Clopton, 'Flu-Like' Illnesses Spread Misery Nationwide, WebMD. Mar. 14, 2017.

11 Vaccine Effectiveness-How Well Does the Flu Vaccine Work?
https://www.cdc.gov/flu/about/qa/vaccineeffect.htm 2019년 1월 1일 열람.

12 Children Who Get Flu Vaccine Have Three Times Risk Of Hospitalization For Flu, Study Suggests.
ScienceDaily. 20 May 2009.

〈www.sciencedaily.com/releases/2009/05/090519172045.htm〉

13 HQ. McLean et al., Impact of Repeated Vaccination on Vaccine Effectiveness Against Influenza A(H3N2) and B During 8 Seasons, Clinical Infectious Diseases, Volume 59, Issue 10, 15 November 2014, Pages 1375-1385.

14 VAERS는 The Vaccine Adverse Event Reporting System의 약자이다. 미국의 백신 부작용 보고 시스템을 말한다.

15 G. Null HPV vaccines: Unnecessary and Lethal, http://www.greenmedinfo.com/blog/hpv-vaccines-unnesessary-and-lethal

Posted on: Monday, April 14th 2014

16 Electronic Support for Public Health-Vaccine Adverse Event Reporting System (ESP:VAERS)

Lazarus, Ross et al., Harvard Pilgrim Health Care, Inc.

17 Cervical Cancer, American Cancer Society, Cancer.org/cancer/cervical cancer/detailed, guide http://www.cancer.org/Cancer/CervicalCancer/DetailedGuide/index 2019년 1월 2일 열람.

18 L. Tomljenovic and CA. Shaw, Human Papillomavirus (HPV) Vaccine Policy and Evidence Medicine: Are They at Odds? Annals of Medicine, December 22, 2011.

19 유아 사망률은 일본이 1세 미만의 유아당 1.9명, 미국이 5.6명이다. https://www.globalnote.jp/post-12582.html 2018년 12월 24일 열람.

20 B. Zablotskyet al., Estimated prevalence of children with diagnosed developmental disabilities in the United States, 2014-2016, NCHS Data Brief, no 291. Hyattsville, MD: National Center for Health Statistics. 2017.

음식이
아이 두뇌를
변화시킨다

옮긴이 최미숙

숙명여대 식품영양학과를 졸업했으며, 동 대학원에서 한국사학과 석사학위를 받았다. 꾸준히 '함께 책 읽기'를 하며, 세계의 역사와 문화를 비롯해 다방면에 관심을 두고 다양한 시각을 갖추려 노력 중이다. 현재 글밥 아카데미 출판번역 과정을 수료한 후 바른번역 소속 번역가로 활동하고 있다. 옮긴 책으로는 《한번에 끝내는 세계사》, 《역사로 읽는 세계》, 《역사로 읽는 경제》, 《미래 연표》 등이 있다.

음식이 아이 두뇌를 변화시킨다

초판 1쇄 발행 2022년 3월 1일
초판 2쇄 발행 2024년 6월 1일
-
지은이 이쿠타 사토시
옮긴이 최미숙
펴낸이 장재순
-
펴낸곳 루미너스
주소 경기도 고양시 덕양구 덕수천2로 150(동산동)
전화 (02) 6084-0718
팩스 (02) 6499-0718
이메일 lumibooks@naver.com
블로그 blog.naver.com/lumibooks | **포스트** post.naver.com/lumibooks
출판등록 2016년 11월 23일 제2016-000332호
-
디자인 ALL designgroup
인쇄 ㈜상식문화
-
ISBN 979-11-973766-2-7   13590